# 中国「軍事強国」への夢

劉 明福
峯村健司［監訳］　加藤嘉一［訳］



文春新書
1424

# 習近平氏の戦略ブレーン、劉明福とは何者か

峯村健司

## 異彩を放つ中国の上級大佐

壇上で明らかに異彩を放っていた。

鉄柱を入れたような伸びた背筋。その背骨から砲撃しているような甲高い声。歌舞伎のような大きなジェスチャー……。

東京都内のホテルの会場に２０１９年12月２日、中国人民解放軍国防大学教授で上級大佐の劉明福の姿があった。劉は黒のスーツで身を固めていたが、所作や容姿は中国の軍人そのものだった。日本国際問題研究所が主催する「東京グローバル・ダイアログ」の初会合で、「新たな米中戦略的競争と国際社会」をテーマに、劉を含めた日米中の５人のパネ

リストが議論をした。

　劉明福とは私が朝日新聞北京特派員だった時から十数年来の知り合いで、単独インタビューを何度かしたことがある。記事を見た日本国際問題研究所幹部から「劉氏を会合にお招きしたい」と要請があった。だが、北京の日本大使館ですら劉の連絡先がわからなかったため、私が仲介することになった。

　劉明福は初来日のせいか、壇上では心なしかいつもより高揚しているように見えた。冒頭、発言した劉は右手をかざしながら口火を切った。

「いま世界では大戦は起きていない。しかし、この会場では『思想の戦争』が始まろうとしている」

　日本では生身の中国軍人を見る機会はほとんどない。中国軍人の中でも「タカ派」とみられている劉の一挙手一投足を観衆が驚きのまなざしで見つめているのがわかった。

　劉はまず、習近平が中国共産党トップの総書記になった２０１２年に提唱した「中国の夢」に言及した。「中国の夢」とは「中華民族の偉大な復興の実現」であり、国家・民族・人民が三位一体となって実現することを目指した政治スローガンだ。

　同名の著書を劉は２０１０年に出版している。タイトルの『中国の夢』は、「アメリカン・ドリーム」をもじっており、中華人民共和国の建国１００年にあたる２０４９年までには米国と並ぶ強国となり、21世紀中には中国が「世界ナンバー1の国家になる」という構想を打ち出している。それを実現するための長い過程について、劉は「１００年マラソン」という表現を使って、米国に追いついて追い越すための戦略を描いている。

劉は会場を見渡しながら次のように訴えた。

「いま、『中国の夢』は『米国の夢』に挑戦している。30年後にどちらの『夢』が勝利を収めているのか。この会場に再び集まって結果を見てみようではないか。今後警戒すべきことは、『第2の冷戦』ではなく米中両国を中心とした第3次世界大戦が起こりかねないことだ」

次々と舌鋒鋭く畳みかける劉の演説に、他のパネリストや観衆はあっけにとられているようだ。

## 米国のタカ派が劉の本も薦める

続いて米側からの参加者、マイケル・ピルズベリーの番が回ってきた。ピルズベリーは長年、中央情報局（ＣＩＡ）で中国分析をしており、国防総省顧問として政権の対中政策に助言している。トランプ政権の時には、対中強硬策の理論的支柱となり、ペンス副大統領ら高官からたびたび名前が言及されていた。

ピルズベリーを会合に招いたのには理由があった。劉が登壇する条件として、ピルズベリーの出席を求めたからだ。米中両国の「タカ派」ともいえるピルズベリーと劉だが、十数年来の付き合いだ。2人はそれぞれの国に招待しあって、意見交換をしている。米中両政府は表面的には対立しているようにみえるが、水面下では頻繁に情報交換をしているチャネルがあることがうかがえる。そして、このチャネルに日本政府の関係者が参画していないことも改めて浮き彫りになった。

ピルズベリーは観衆らのどよめきをよそに、劉の『中国の夢』について淡々と語り始めた。

「英語版も出版されていて、とてもいい本なのでみなさんにもご一読を勧めたい。中国のタクシーの運転手を含めてすべての中国人が『習近平が読んでいる本』と知っているからだ。しかも、中国が世界を征服しようと打ちたてている長期目標について、同盟国でもない我々に教えてくれているのだから感謝しなければいけない。そういえば、劉氏を初めて我が国の国防総省に招いて講演してもらった。そうしたら我が国の国防予算は50億ドル

（約６７００億円）上乗せされたこともつけ加えておく」

米政府が予算獲得のために、劉のような中国の「タカ派」の言動を巧みに使っていることがうかがえる。

パネリストの一人で元外交官の岡本行夫から「中国は台湾をどうしようとしているのか」と尋ねられると、劉は立ち上がりさらに声のトーンを上げて答えた。

「米国こそが我々のお手本で、１００年以上前に模範を示してくれた。米国内で北部と南部に分かれて4年間の戦争をして62万人が犠牲になった。中国が台湾を攻撃するならば、当時の北部が南部を打ちのめした先例を参考にする。しかし、我々は犠牲者を出さないよりスマートな方法を採用するだろう」

## 劉が公衆の面前で中国大使館員を一喝

中国による台湾併合のやり方について、劉は１８６１年の米国の南北戦争を引き合いに出して説明を始めた。これこそ、本書第5章「反台湾独立から祖国の完全統一へ」の重要なポイントの一つだ。北軍がどのように国際世論を味方につけたのか。戦略面で南軍をどう攻略したのか。劉は当時の文献を紐解いて、中国による台湾併合に当てはめて解説している。ちなみに第5章は、２０２０年に本書の中国語版が中国国内で出版された際には丸ごと削除されている。習近平政権が最重視する台湾問題について、精緻かつ的確に分析していたため、掲載が許可されなかったようだ。

会場からの質疑に移ると、議論はより白熱した。香港デモに対する中国政府の弾圧や、新疆ウイグル自治区での「強制収容所」の問題が提起された。すると、劉は回答もそこそこに、持参していた横断幕を取り出して、ピルズベリーと司会の防衛大学校長（当時）の国分良成に開かせた。そこには「日本の夢」と記されており、「日本の夢の実現に向けて一緒に努力しよう」と会場に訴えると、笑いと拍手が起きた。

続いて、一人の女性が指名されて劉に向かって語りだした。

「私は中国大使館の者です。外交官として申し上げたいことがあります。今日の劉先生の発言はご自身の主観であり、政府の見解を代表したものではありません。中国は決して台頭をしようとはしておらず、どこかの国に異を唱えているわけではありません」

会場にどよめきが起きた。これに対し、劉は語気を強めて女性に反論した。

「あなたの質問は政府を代表したものか。それとも個人的な質問なのか。答える価値がない」

## 米国のタカ派が劉を擁護

劉を援護射撃するようにピルズベリーも続いた。

「劉先生が言う通り、大使館の人間がどの立場で話しているのか。誰に向かって口をきいているのか。人民解放軍は共産党を守る任務があり、政府よりも地位は高いのだ」

一連のやり取りは、中国の軍部と政府の関係を象徴していた。中国軍幹部の強硬発言に対して、中国外務省当局者が火消しに動くことはしばしばある。しかし、習近平政権下において、劉ら中国軍幹部の発言権は強まっており、外務省の権限は弱くなっている。ピルズベリーがいうように、外交官よりも軍人の発言の方がより重みがあるのは間違いない。

1時間半余りのシンポジウムが終わった。観衆の多くは、劉の独特な語り口と派手なパフォーマンスに圧倒されたり呆れたりしている様子だった。

一方、ピルズベリーの反応は違ったようだ。シンポジウム後、ピルズベリーにインタビューした際、情報機関にいた人物にしては珍しく、興奮気味に筆者に語りかけた。

「あの無礼な質問をした外交官は左遷されるに違いない。今日の劉氏の応答は、まさに本物の中国の政治将校のスタイルだった。人民解放軍が訴えたいプロパガンダだけを主張して、機微に触れる質問や話題は煙に巻く。実に見事なパフォーマンスだった」

シンポジウムが終わった晩、劉と寿司を食べながら議論した。劉は先ほどまでのパフォーマンスがうそのように、米中、日中関係のほか、人民解放軍が抱える問題点について冷静沈着に淡々と語りだした。オフレコだったので会話の内容をここに記すことは控えるが、実に意義深い意見交換ができた。

劉明福とはいったいどのような人物なのか？　習近平政権の安全保障政策にどれほど影響があるのか？　果たして本当に習近平の戦略ブレーンなのか？　劉との最初の出会いからさかのぼって紹介したい。

## 習政権での汚職撲滅を〝予告〟

まず劉の略歴を振り返る。１９６９年に入隊し、作戦部隊に勤務。１９７９年から約20年間、山東省にある済南軍区政治部で理論研究と政治工作研究をした後、国防大学で教授を務めている。「全軍優秀共産党員」にも選ばれたことがある。

劉は解放軍の官舎に妻と暮らしている。いつも同じ紺色のジャンパーを羽織っており、時計や装飾品はいっさい着けていない。食事をするときはいつも近所の食堂で済ませ、中国人にしては珍しく、「もったいないから」と残さずに皿を平らげていた。

筆者が劉の名前を知ったのは、２００９年のことだ。深刻化する人民解放軍の汚職問題について取材を始めた際、知り合いの中国政府系シンクタンク研究者から「軍の腐敗問題に最も詳しい専門家」として劉を紹介された。何度か手紙のやり取りをした末、オフレコを条件に劉と会えることになった。

劉は執務室の書棚に並べられていた膨大な書籍の中から、一冊のファイルを取り出した。２０００年から５年間の軍幹部らの汚職事件に関する内部文書を元に、劉がつくった報告書だった。

入隊に便宜を図る見返りに謝礼、軍用地を安値で民間企業に売却してキックバック……。報告書には汚職に至るまでの経緯や動機が事細かく記されている。賄賂額も一件あたり数十万元（数百万円）～数億元（数十億円）と高額だ。のちに逮捕される軍高官の実名もあった。劉は報告書をつくった経緯について振り返った。

「ある軍高官に頼まれて作成したものだ。我が軍にとっての脅威は米軍でも自衛隊でもない。腐敗こそが解放軍を破滅に追い込む最大の『敵』だ。習近平政権が発足したら最優先課題で汚職撲滅に動くだろう」

当時、軍を統括していたのは総書記だった胡錦濤で、習近平はまだ国家副主席だった。だがこの段階で劉は、習がトップに就任したら腐敗撲滅キャンペーンを展開することを予期していたのだ。

劉からは、日本の自衛隊を含めた日本政府の過去の汚職事件の例や、取り締まり状況について尋ねられた。中国と比べてけた違いに少ない収賄額や件数に関心を示し、「日本の公務員の腐敗防止対策を我が国も参考にしなければならない」と語っていたのが印象的だった。

その後も劉とは定期的に意見交換を重ねた。ところが、ある時から音信不通となった。２０１０年のことだ。

## 胡は発禁にし、習が許可

ちょうど劉が『中国の夢』を出版した直後だった。同著は、国民の愛国心に火を着け、瞬く間にベストセラーとなった。副題には「ポスト米国時代の大国的思考と戦略的位置づけ」とあり、米国について次のように指摘している。

「我が国は国力をたゆまなく増強していき、世界ナンバーワンの強国になることが世紀の目標だ。そのためには米国と競争しなければならず、これは既存のナンバーワン国家と潜在的なナンバーワン国家との争いといえる。これまで台頭してきた国家を米国は封じ込めてきた歴史があり、今回も中国に対して封じ込め戦略を実施してくるのは間違いない。だからこそ米国への幻想を我々が抱くことは自殺行為なのだ」

同著を出した背景について、劉は次のように筆者に語っている。

「2010年に中国の国内総生産（GDP）が日本を上回り、米国に次ぐ世界第2位の大国となった。まさに米国を追いかけ、そして追い越す準備が整った。中華民族が『中国の夢』を追求するスタートの年に出版したのだ」

こうした対米強硬論に対して、米国をはじめとする欧米諸国から批判が起きた。米中国交正常化への道筋をつくった元米国務長官のヘンリー・キッシンジャーは翌2011年5月に米紙ウォール・ストリート・ジャーナルへの寄稿で、劉について「必勝主義者」と称して警戒感を示した。

こうした批判を受け、胡錦濤政権は『中国の夢』を発禁処分にした。劉自身も当局の取り調べを受けたようだ。「平和的発展」を掲げて対米関係を重視する胡政権は、劉の主張は「強硬過ぎる」と警戒したのだろう。

ところが２０１２年11月、習近平政権が発足すると、事態は一変する。

習近平は、総書記に就いた半月後、新指導部の政治局常務委員６人を引き連れて、北京市内の国家博物館を見学した際に、次のような演説をした。

「皆、いま『中国の夢』を議論している。私はこれを中華民族の偉大なる復興、すなわち中華民族にとって近代以来最も偉大な夢だと考える。中国共産党成立１００周年を迎える時（２０２１年）、全面的な小康社会（ややゆとりのある社会）を建設するという目標を実現し、新中国成立１００周年を迎える時（２０４９年）、富強・民主・文明・和諧的な社会主義現代化国家を建設するという目標を実現することが、中華民族の偉大なる復興という夢につながるのだ」

習が初めて公けに「中国の夢」に言及した瞬間だった。この翌日、劉の『中国の夢』の新版も発行許可が出された。

## 習政権のスローガンとなった『中国の夢』

「禁書」扱いにした前政権とは対照的に、習政権は最も重要な政治スローガンに採用したのだ。習は重要会議において、「中国の夢」を連呼した。２０１２年12月に習は、南部の広州軍区を視察した際、軍区幹部らへの演説の中で、「中国の夢」について次のように説明している。

「この夢は、『強国の夢』と言ってもいい。軍部にとっては『強軍の夢』なのだ。中華民族の偉大なる復興の実現には、富国強兵をしなければならない」

いずれも劉の『中国の夢』に出てくる言葉やコンセプトをそのまま採用していると言っていいだろう。その後の習の米国に対する強硬な発言や政策を見ても、劉の思想の影響を強く受けていることがうかがえる。

筆者が北京特派員を終えて帰国する間際の２０１３年３月、習近平の「中国の夢」に対して、劉の書物や思想がどれほど影響を与えたのか、劉本人に尋ねたことがある。

「習主席自身が考えて打ち立てた偉大なスローガンであり、私は参考材料を提供したにすぎない。私の書物と一致している部分があるのも偶然だ」

こう劉は謙遜気味に答えると、ある手紙を見せてくれた。３枚の便せんには、端正な文字が綴られていた。末尾には２０１０年３月と記されていた。

## 習近平の「戦略ブレーン」

「親愛なる劉明福先生　この度は『中国の夢』の出版おめでとうございます。またご恵贈いただき感謝いたします。先生の深遠かつ示唆に富む戦略は大変参考になります。指導部内で共有して参考にさせていただきます」

差出人には「劉源」とあった。軍の最高位の上将で、この時は軍の兵站を担う総後勤部の政治委員を務めていた。劉源は、毛沢東に次ぐ序列２位の国家主席の地位にありながら文化大革命で失脚に追い込まれた劉少奇を父に持つ。習近平の２歳上の幼なじみで、習と同じく下放されたことがある。

劉源は、劉明福の国防大学での学生で、書面のやり取りをしていたという。『中国の夢』が劉源を通じて習近平の手元に渡ったことがうかがえる。前出の軍の汚職に関する報告書の作成を劉明福に依頼した「高官」が劉源だったことも、この時筆者に明かしてくれた。

劉源は、習近平の看板政策だった反腐敗キャンペーンの旗振り役だった。習近平政権が発足する約１年前の２０１１年12月に北京で開かれた中央軍事委員会拡大会議で、当時制服組トップの軍事委員会副主席だった徐才厚、郭伯雄に関する腐敗問題について、劉源は名指しで批判し、軍内の汚職調査に着手した。習近平政権が２０１２年11月に発足すると、劉源は軍高官らを次々と摘発し、徐を２０１４年、郭を２０１５年にそれぞれ失脚に追い込んだ。

　こう振り返ると、習近平政権の政策決定過程において、劉明福→劉源→習近平というルートが浮かび上がる。しかも、習政権にとって最も重要な政治スローガン、看板政策である反腐敗キャンペーンの理論的支柱の役割を劉明福が果たしていたことがうかがえる。中国軍内の「異端のタカ派」ではなく、習近平の「軍師」の一人と言っても過言ではないのだ。

　劉源は２０１５年末に引退したが、劉明福は依然として習政権の政策決定に影響を与えているようだ。

　習近平の「戦略ブレーン」である劉明福がどのような世界観を持っているのか。中国人民解放軍をどのように強化しようとしているのか。そして、世界初公開となる、政権が最重視する台湾統一をどのように実現しようとしているのか。本書を読むことで、それが明らかになる。（敬称略）

# 日本の読者のみなさんへ

劉明福

本書の日本での出版にあたり、考えていることをいくつか述べたい。

新時代の中国は「４つの夢」を実現するために奮闘している。

①中国の夢――２０４９年の中国は、世界の「金メダル国家」であり、強大だが覇権を求めない文明国家である。

②強軍の夢――２０４９年の解放軍は、世界で最も強大な軍隊となる。侵略の歴史を持たず、これからも侵略の記録を残すことのない文明的な軍隊である。

③統一の夢――２０４９年の台湾は祖国の胸の中に回帰している。台湾海峡の両岸は、海底トンネル、自動車の往来が頻繁で、海上、高速鉄道を通じた観光が栄えているだろう。

④世界の夢――２０４９年の世界は、大英帝国の「世界植民地主義」を葬り、米帝国の「世界覇権主義」を終焉させた後の、３つ目の新たな世界を迎えるだろう。それは「人類運命共同体」という新世界であり、「人類主義」という理想の世界にほかならない。

米国は民主国家とは言えない。なぜなら国内では金権政治が蔓延しており、世界では覇権国家だからだ。米国は世界の君主のような顔をしている。新時代の米国は革命を通じて生まれ変わり、旧来の覇権主義から脱皮することで、新たな米国にならなければならない。

第2次世界大戦後、米国は軍事的に日本を占領して全面的にコントロールしたうえで、抑圧し、利用してきた。日本は米国に管轄されてまもなく80年が経とうとしているが、これは米国に懲役80年の実刑判決を受けたことと同じ意味といえよう。米国は日本を「半資本主義・半植民地社会」へと仕立てたのだ。新時代の日本は解放の時代を迎えるべきだ。それは、日本が米国という覇権による80年の統治から解放される時代を意味する。

21世紀の世界にとっての最大のリスクは、「米国版ヒトラー」が出現することだ。これは、20世紀のナチスのヒトラーよりも危害が大きくなるだろう。これからの20年、人類にとって最大の災難は、「米国版ヒトラー」が第3次世界大戦を発動させることなのだ。

米国の世界覇権にとって最も重要な戦場はアジアだ。米国のアジア政策は、「蟹戦略」

と呼ばれるアプローチを採っている。すなわちアジアの国家同士で「蟹」が共食いするように、アジアで「内戦」を起こすやり方だ。2匹の巨大なカニである中国と日本を互いに嚙みつかせ、戦い合わせる。それによって、日本に対し、中国を封じ込ませて戦うための「神風特攻隊」の役割を担わせる。その結果、中日は共倒れになる。そうすれば、日本を十分に利用し、長期的にコントロールできると同時に、中国を有力に封じ込め、アジア太平洋を攪乱させ、米国の覇権を維持することができるのだ。

古代中国は２０００年にわたり、世界一流の強国であり、アジア随一の強国であったにもかかわらず、日本を侵略したことは一度もない。新時代に強大になった中国は、19世紀の米国艦隊のように日本に侵入することはなく、20世紀の米国のように原子爆弾を日本に投下した後、第2次世界大戦から現在に至るまで日本に駐軍し、日本をコントロールし、脅威を与えることもしない。

米国が日本をコントロールする時代は終わるべきだ。日本が米国のコントロールから独立する時代が始まるべきなのだ。

日本国内の全米軍が米本土に戻ることを日本国民一同が歓迎する時、独立自主の「新日本」が誕生することになる。

新時代とは、中国と米国が決勝戦を行い、最終決戦に向けてラストスパートする時期となる。中国の強国化は、日本が米国による統治から脱却する歴史的契機ともなる。新時代の日本はみずからの主権を、米国の世界覇権から取り戻さなければならない。新時代に「新日本」を建設するためには、「脱米国」の実現が不可欠なのだ。

太平洋の両岸にある中国と米国の関係において、日本は中立を維持し、「架け橋」の役割を担うべきだ。このような日本は「親米」「親中」であり、中米両国から尊重されることになる。新時代の日本は知恵を持つべきで、中国の強大化というチャンスをつかみ、覇権国・米国によるコントロールから脱却することで、独立自主の「新日本」になることができるだろう。

現状、米国は金メダル、中国は銀メダル、日本は銅メダル国家である。３国は１９３ある国連加盟国の中のトップ３だが、米中日が新型大国関係を構築することは、世界に模範を示すことにつながる。覇権の米国は世界一の座を独占するため、過去に「ジャパン・アズ・ナンバーワン」を強く警戒し、「日本の台頭」を抑え込んだ。そして、いまとなっては、「チャイナ・アズ・ナンバーワン」を強く警戒し、「中国の台頭」を全面的に封じ込めようとしている。

中米競争はいい。ただ、競争が戦争になってはならない。

中米決勝戦はいい。ただ、決勝戦が〔実際の軍事的衝突をともなう〕決戦になってはならない。

世界一は米国の特許ではない。金メダルは「世襲」されてはならない。米中日は互いに競い合う関係であるべきだ。試合ごとに金メダルの受賞者が変わるように、世界一の国も入れ替わるべきだ。

友好的に共存する新時代を切り拓き、平和で美しい新世界を共同で建設することは、中国、米国、日本にとっての共通の使命で、時代の潮流でもあり、目指すべき境地でもあるのだ。２０４９年10月１日、首都北京にある天安門の前で、「中国の夢」の実現を祝う式典が盛大に行われることになるだろう。日本の首相、米国の大統領、および世界各国の指導者が、中国の最高指導者からの招待を受ける形で、天安門の城壁に登り、中国の指導者や人民と共にその日を祝うことになるだろう。

本書が日本で出版されるにあたり、監訳者、訳者をそれぞれ担当してくれた峯村健司、加藤嘉一両氏に感謝したい。２人は、米中両国で長年、仕事や学習、生活をした経験を持ち、中国語と英語を使いこなす。彼らのような新世代が、日本の未来を切り拓いていくのだろう。

本書の日本での出版に理解を示し、実現にこぎつけてくださった文藝春秋社には心から御礼を申し上げたい。同社は100年の歴史を持ち、日本で最も影響力のある出版社の一つだと承知している。同社が新時代において、中国と日本の間の戦略的人文交流を促進する役割を担っていくことを祈願している。

# 中国「軍事強国」への夢◎目次

# 第1章　習近平強軍思想とは何か

2012年11月に開かれた第18回中国共産党大会で、習近平国家主席は「中国の夢」を政治スローガンに採用した。実はこの時に、「強軍の夢」というコンセプトも打ち出している。翌12月26日、習主席は軍の重要会議において、「中華民族の偉大なる復興を実現することは、我々にとって『強国の夢』であり、軍隊に当てはめていえば『強軍の夢』である。強大な軍隊と強固な国防なくしては、『強国の夢』の真の実現も難しくなる」と指摘した。

習主席は「中国の夢」と「強軍の夢」の関係性について次のように述べている。「中華民族の『復興大事業』の実現を成功させるには、中華民族の『強軍大事業』の推進に尽力することが必須である。『中国の夢』を実現するには、『強軍の夢』を推し進めなければならない」。「中国の夢」によって「強軍の夢」を率い、「強軍の夢」によって「中国の夢」を守る。こうした相関関係は、「中華民族の偉大なる復興」を実現するために重要な法則となっている。

習主席の打ち出した「中国の夢」は、中国共産党が世界に向けて発信した「政治宣言」で、「強軍の夢」というのは、中国共産党が全世界に向けて発信した「軍事宣言」なのだ。いずれも将来30年にわたる基本戦略となる。

## １　マルクス・レーニン主義の中国における革新

習近平国家主席は２０１５年12月25日、中国人民解放軍系の機関紙を発行する、解放軍報社を視察し、同社に対して、マルクス・レーニン主義、毛沢東思想、中国の特色ある社会主義理論体系、および党の第18回大会以来の理論革新の成果を着実に宣伝することを指示した。その際、習主席はマルクス・レーニン主義の理論革新をめぐる４つの段階を打ち出した。

①マルクス・レーニン主義理論体系において、「マルクス・レーニン軍事理論」は重要な構成要素。

②毛沢東思想理論体系において、「毛沢東軍事思想」は重要な構成要素。

③中国の特色ある社会主義理論において、「中国の特色ある軍事理論」は重要な構成要素。

④第18回党大会以来の党の理論革新の成果における「党の軍事理論革新の成果」は重要な構成要素。

以上のことから、マルクス・レーニン主義の理論革新は、時代の発展に応じて進化するということにほかならない。それに伴って、マルクス・レーニン主義の軍事理論革新も時代の発展に即して進化し、歩みを止めてはならないということである。

## 2 「習近平思想」から「習近平強軍思想」へ

中国共産党の第18回大会以降の理論革新の成果は、「習近平の新時代における中国の特色ある社会主義思想」（海外では「習近平思想」と簡略化して呼ばれる）に示されている。そして、18回大会以降、党の軍事理論革新の成果は「習近平強軍思想」に集約されている。

習近平主席は、2016年3月13日の第12期全国人民代表大会4回会議解放軍代表団全体会議で談話を発表した際、「マルクス主義軍事理論の革新を大々的に推進し、時代を率いる独自の軍事理論体系を迅速に形成し、強軍の実践に科学的、理論的な根拠を提供する」と強調した。

「習近平強軍思想」とは、18回党大会以降、中国共産党と中国人民解放軍が、「中国の夢」「強軍の夢」という偉大な事業を打ち立てるうえで、強軍という偉大な実践の中で、マルクス主義軍事理論の革新を大胆に推進した最新の成果であり、時代を率いる独自の軍事理論体系である。この理論体系は、強軍の実践に科学的な理論指導と根拠を与えるものだ。解放軍が新たな情勢下で軍隊建設、改革、軍事闘争の準備をしていくうえで、最も根本的な戦略上の特徴は、習近平強軍思想を使って理論武装をし、軍事行動を指導していくことにほかならない。

## 3　3つの角度から習近平強軍思想を観察する

習近平強軍思想は、『孫子の兵法』に始まる中華民族軍事思想の歴史的発展を受け継いでおり、21世紀における中華民族の軍事思想革新によって生まれたものだ。

習近平強軍思想は、マルクス主義軍事理論の革新を受け継いだものであり、21世紀のマルクス主義軍事理論革新によって生まれたものだ。

習近平強軍思想は、毛沢東軍事思想に始まる中国共産党軍事思想の発展を受け継いだものであり、中国共産党軍事理論革新によって生まれたものだ。

習近平強軍思想は、新時代における中国国防・軍隊建設をめぐる系統的な思想体系である。この科学的思想体系は、改革の全面的深化を掲げる新情勢下における中国軍事大革命の最新の理論的成果であると同時に、将来的な中国の軍事革新を推進する重要な指導思想でもある。そして、中国の強軍という偉業の実現を保障する理論的武器なのである。

習近平強軍思想は、マルクス・レーニン軍事思想、毛沢東軍事思想、中国の特色ある社会主義軍事思想に次いで、中国共産党の軍事理論革新の最新成果なのである。それは、解放軍の新たな情勢下における特徴と規律を示すものであり、習近平新時代の特色ある社会主義思想の「軍事編」にほかならない。

# 第2章　解放軍の戦略新思考

習近平国家主席は、時代の発展と国家安全保障環境の変化に伴い、解放軍の職務と使命もたゆまなく改革していく必要があると指摘している。国防と軍隊建設は、中華民族の偉大なる復興を実現するという目標のなかで認識、推進され、「中国の夢」の実現を強くバックアップしていくものでなければならない。そして、習主席は次のように強調する。

「中国の特色ある社会主義を堅持し、発展させることは長期的かつ厳しい歴史的任務であり、多くの新たな歴史的特徴を内包する偉大な闘争に向けた準備をしなければならない」新たな歴史の出発点に立ち、国防と軍隊の現代化を推進し、我が国の国際的地位に相応する、国家安全保障と経済的利益に適合する強固な国防と強大な軍隊を建設していかなければならない。それこそが、中国の特色ある社会主義という進路において、「中国の夢」の実現に重要な国力と強固な安全を保証することになるからだ。

解放軍による戦略的思考の革新は、強軍化という全体的理論体系の革新のうちに体現され、「伝統的国防観」を超越した新しい国防観念の確立につながっていく。

## 1　海外用兵——積極的防御戦略への転換

中国が軍事力の海外進出を加速していることは侵略ではなく、軍事的覇権を求めているわけでもない。中国の国外における国益を守り、地域の安定と世界の平和に責任を果たし、貢献するためだ。

新中国は長年にわたり、強力な敵国による侵略に備え、①本土防衛、②弱者として強者に勝つ、③後から手を打って相手を制する、という方針を基本にしてきた。「誘敵深入」（敵を自分の陣営に引き込み、その上で敵を孤立させ、逃げられない不利な状況に追い込む戦法）を実行し、強敵から身を守り、反撃するための「ハリネズミ」戦略を採用してきた。

中国の国益が世界に広がり、軍事力が強大化し、世界平和を守る需要が高まるにつれ、中国の軍事行動範囲を国内にとどめておくことは現実的ではなくなってきた。「海外に軍事基地をつくらない」「海外に軍隊を派遣しない」という古い観念を変えなければならないのだ。

解放軍は世界平和の維持と発展を促進していくため、「海外用兵」という責任を積極的に履行しなければならない。たとえば、国連の平和維持活動への参加のほか、国際人道主義に基づいた救援活動をはじめ、国際合同災害救助活動、国連反テロリズム作戦への参加、戦略的な海上交通路（シーレーン）の安全確保などが挙げられる。

この新しい「海外用兵」の考え方は、本質的に「覇権型」ではない。「防衛型」あるいは「平和維持型」、つまり国境の外にある国家の権益を守ることが目的なのだ。軍事協力を通じて特定の地域の安全を守り、混乱に満ちた地域や国家の社会秩序を維持、回復させ、これらの地域や国家の人権を守ることを目的としている。こうした活動は、世界平和を守り、国際社会と共に発展をすることを促す「国際型」の軍事活動に属する。とくに、深刻な自然災害、社会動乱、テロ、局地的戦争といった特殊な状況が頻発する国際情勢において、国連の要請に応え、国際法の原則に則り、政府の命令に従い、国際慣例に基づき、積極的に国際平和維持活動に参加し、海外における中国系住民や華僑の権利と利益をしっかり守ることは、解放軍の使命であり、責務でもある。

新たな時代において、解放軍は「陸上作戦型」「国土防衛型」「内向型」「防御型」の軍隊だけでなく、大国の地位や国家の利益に見合った強大な軍隊でなければならない。世界の平和と共同的な発展に貢献する大国の軍隊でなければならない。攻撃と防御という双方の戦略的能力を兼ね備えた軍隊でなければならない。国際的に危機が起きた際、全世界に展開できる重要な役割を発揮できる軍隊でなければならない。中国海軍が積極的に防御する空間は、近海から遠海へ、列島線を通り越して、大洋へと向かう必要がある。中国空軍は「戦略的空軍」を建設する必要がある。内陸を出て、世界へと向かうのだ。グローバリゼーションの時代、中国の国益が拡張していく場所に軍隊も随行して、役割を発揮しなければならない。国益があるところに解放軍がいなければならない。

## 2 制海権をめぐる争奪戦

世界の近代史は、海洋を開発、支配して、そして制海権を奪い合う歴史であった。国家が海洋へと向かえば振興し、海洋を手放せば衰退が待ち受けていることを、近代史は物語っている。21世紀の中国海洋戦略には革新が迫られている。中華民族の偉大なる復興を実現するためには、戦略の目標や、軍事闘争の重点と重心を海洋に移さなければならない。

中国は大陸大国であると同時に海洋大国でもある。1万8000キロメートル以上の海岸線、1万4000キロメートル以上におよぶ島嶼海岸線、300万平方キロメートル以上の我が国が主張する管轄海域があり、海洋の戦略的利益は広範に及んでいる。18回党大会は海洋強国を建設するという重要な方針を決めた。我が国は、陸地を支配する国家から、制海権を勝ち取る国家になるための重要な段階に突入しているのだ。海洋は国家経済発展と対外開放においてより重要な要素を占めるようになっている。海洋事業の開発や、海洋問題の解決の成否は、民族の生存と発展、国家の盛衰をも左右している。

中国の地形は雄鳥のような形をしている。頭が東方を向いていて、太平洋に面している。雄鳥が直面する安全保障上の挑戦は、海洋からもたらされている。雄鳥の柔らかい腹部は海洋を向いているからだ。中国は海洋における権利と利益を守り、強大な制海権を手にするために、強大な海軍が必要なのだ。

ある関係者が次のような統計を出している。世界で1人あたりの年収上位10ヵ国のうち、8ヵ国が海洋国家だ。ここからわかるように、海洋とは国が富むための重要な要素である。第2次世界大戦以降、全世界で100以上の局地的な戦争が起こっているが、うち80%に海洋における利益の争奪戦が絡んでいる。

現在、世界では、380以上の海域で領有権をめぐる紛争が起きている。海洋争奪戦の直接的な目標は、軍事、戦略、貿易、シーレーンをめぐる制海権に留まらず、豊富な海洋資源や海の国境にとって重要な意義を持つ海域や島々も含まれる。

新たな「海洋国土観」が、世界の海洋国家の間で急速に高まっている。それは、国家主権が管轄する領海、排他的経済水域、大陸棚の総称を指している。「国連海洋法条約」によれば、条件を満たした小さな面積の島を中心として、半径12カイリの円が領海として認められている。450平方カイリ、つまり1500平方キロメートルの海域が、この小さな島の「領土海域」になる。半径２００カイリ、12万５０００平方カイリ、またはそれ以上の半径で別の円を描くこともできる。２つの円の間の43万平方キロメートルの海域がこの小さな島の排他的経済水域になる。小さな離島によって、43万平方キロメートル以上の「海洋国土」を取得することができるのだ。

中国は沿岸大国だ。９６０万平方キロメートルの「陸地国土」と３００万平方キロメートル以上の「海洋国土」を擁する。海と陸の「総合国土」は１２６０万平方キロメートル以上におよぶ。中国の国防は、「陸防」から「海防」へとシフトしている。陸地においては、領土、国境をめぐる紛争は中国と多数の隣国との間で解決しており、残っているのは中国とインドとの間の国境紛争問題だけだ。一方の海洋においては、３００万平方キロメートル以上の海洋国土のうち半分は周辺国家との間で係争を抱えている。その面積は、陸地における紛争の８〜９倍に相当する。中国の領土である釣魚島〔尖閣諸島の中国名〕と南沙諸島は、日本、ベトナム、フィリピン、マレーシアなどにそれぞれ侵入、占領されている。中国と８つの隣国との間で領海を争う問題が存在しており、一部の国家は現在、中国の島々や海域への実効支配を強めている。

海洋は、中国の国家安全保障の戦略上、重要性が高まっている。中国の国防にとっての重点は「海防」なのだ。制海権をめぐる観念を打ち立て、強化することこそが、現代の中国の国防に求められている任務なのだ。

中国が制海権を獲得するためには、強大な海軍を建設することが必要だ。米国の海軍戦略家、アルフレッド・セイヤー・マハンはかつてこう言った。

「昨今の世界では、法律だけでは力不足で、公正さも得られない」

このマハンの海上権力論に触発された米議員は、次のようなスローガンを叫んだ。

「国庫のなかの最後の1ドルを使い切るまで、海軍を建設し続ける」

米国は1890年から海軍建設に力を入れ、5年後には、米国の海軍力はそれまでの世界12位から5位まで飛躍を遂げ、10年後には、太平洋における海洋強国となった。

新中国建国初期、毛沢東は「我々には現代化した陸軍だけでなく、強大な海軍と空軍も必要だ」と提起した。

米太平洋軍司令官や国家情報長官を歴任したデニス・ブレアは次のように指摘している。「我々は人民解放軍の大陸における権限を尊重するが、彼らに理解させる必要がある。海洋と空と宇宙は我々米国のものである」

この話は常軌を逸しているものの、我々はそれを重く受け止め、深く考えなければならない。現在、国家の海洋利益を有効に守る解放軍の能力は著しく不足していると言わざるを得ないからだ。

第18回党大会以来、習近平主席による海洋戦略思想の指導の下、解放軍は長期的視野から海軍建設を加速させ、海洋における軍事闘争を注意深く計画し、釣魚島〔尖閣諸島〕における権利維持のための闘争を主体的に行い、東シナ海で断固として防空識別圏を設け、管理と制御を強めてきた。解放軍は、南シナ海においては重要拠点となる島々と海域への管理と制御を強化し、空港、港湾、埠頭の建設を進めた。また、「小さな岩礁」を迅速に「大きな岩礁」へと変え、「大きな岩礁」を「基地」につくり替えてきた。

これら一連の戦略的措置は、日本による釣魚島〔尖閣諸島〕海域への長期的な排他的実効支配の状態を打破し、南シナ海における軍事闘争の戦略的態勢を変更し、海上権益を守ることを可能にした歴史的な快挙にほかならない。戦略的主導権を勝ち取ったとも言える。

習主席はすでにこう強調している。

「今日、我々の世代の制海権をめぐる攻防は、将来の海上における戦略的態勢を左右する。将来の中国が国家主権、安全、経済的利益を死守するための戦略的主導権を握れるかどうかを決める。我々の世代は中国人としての歴史的責任を断固として負わなければならない。

中華民族のために、みずからの子孫のために環境を作り、基礎を打ち立てなければならない。強固な戦略的基地を作り上げることで、我が民族とその子孫が最終的に南シナ海における権利維持のための闘争に勝利できるようにするのだ」

## 3　宇宙空間の時代——世界観は「地球観」から「宇宙観」へ

「世界観」はこれまで、「地球観」に限定されていた。「新しい世界観」とは、地球を超越する「宇宙観」である。解放軍は人類が地球を越えて宇宙に向かうことで、独自の貢献をしていかなければならない。

宇宙経済の時代が到来した。米国の「ハイ・フロンティア構想」を提唱した米陸軍中将だったダニエル・グラハム（１９２５～１９９５）は次のように予言した。

「宇宙空間の開発が各国と各民族に及ぼす影響は、産業革命の世界経済への影響にも匹敵すると言っても過言ではない」

人類の生活と生産の活動範囲はいまや、地球から宇宙へと広がっている。宇宙の軍事化は、世界の軍事競争にとって新たな高地となっている。１９６０年代、米国は他国に先んじて偵察衛星を打ち上げ、宇宙の軍事利用の幕が開けた。現在、米軍の偵察情報の95%、軍事通信の90%、ＧＰＳ（全地球測位システム）の１００%、気象情報の１００%が、宇宙における軍用衛星システムをそれぞれ利用している。

１９６０年代に米国のケネディ大統領が「宇宙を制した者が地球を制する」と提起した。１９８０年代になると、レーガン大統領が「スターウォーズ計画」を発表。１９９０年代にはクリントン大統領がミサイル防衛計画を打ち出した。その後、米軍の連合航空司令部が１９９７年に「２０２０年構想」を発表した。これらは米国政府が、宇宙と核を後ろ盾にして構築してきた戦略的な理論と措置にほかならない。湾岸戦争、コソボ紛争、アフガン戦争、イラク戦争など多くの戦争において、米軍は先進的な通信衛星を駆使し、戦場からの情報を迅速かつ正確に把握することで、指揮官が部隊と円滑な意思疎通を図ってきた。ＧＰＳのシグナルによって、米軍は多くの標的を正確に攻撃できるようになり、米軍が使用した軍事衛星は、湾岸戦争が33基、コソボ紛争が50基、イラク戦争が１８０基で、いずれも優れた戦果を出している。

宇宙をめぐって競争し合う大きな潮流のなかで、中国は世界第3位の航空宇宙大国として、勇敢に前進しなければならない。中国の宇宙産業を全力で発展させ、宇宙における軍事力を強化し、宇宙における国家の権利と利益を有効に守っていかなければならない。１

970年に中国が最初の人工衛星「東方紅1号」の発射を成功させたことは、中国の国益が宇宙にまで延びていったことを象徴していた。中国は現在、月に着陸する準備を続けており、火星の探査も目指している。宇宙競争へ参画することは、我が国の国益につながり、人類の進歩を推進するための事業でもある。

地球は人類の「揺りかご」だ。しかし、人類が「揺りかご」のなかに永遠に留まることはない。ドイツの哲学者のフリードリヒ・ヘーゲルは次のように指摘した。

「宇宙に関心を持つ民族だけに希望がある。足元のことにしか関心のない民族に未来はない」

イギリスの物理学者のスティーヴン・ホーキングもこう語っている。

「人類は地球から飛び出すことで、より良い生存、生活、発展の空間を獲得できるだろう。人類は地球から離れなければならない。唯一無二の惑星に留まるかぎり、人類の長期的生存は危険にさらされることになる」

人類は地球の内部だけで闘うわけにはいかない。人類の将来の進路は二つしかない。一つは宇宙へと向かうこと、もう一つは海中に潜ること。中国は農耕時代に先進的であったが、海洋時代に遅れをとった。だからこそ、宇宙の時代に遅れるわけにはいかないのだ。

中国人は国を出て、世界へと向かった。中国人は地球を出て、宇宙へと向かわなければならない。外の惑星に向かって、フロンティアや領土を開拓していくのだ。

# 第3章　強軍化事業への道

習近平主席は第18回共産党大会で、「強軍の夢」の実現に向けて次のように指摘した。

「一刻を争って確実に取り組まなければならない。軍事力の増強を加速的に推進することで、国防と軍隊の現代化は飛躍的な発展を遂げ、『中国の夢』の実現を強力にバックアップすることにつながるのだ」

この表現から、中国強軍化に向けた緊迫感が伝わってくるだろう。国防と軍隊建設に関する「第13次5カ年計画」の綱要は、新たな軍事態勢の下で中国強軍化の偉業を実現するための最初の5カ年計画となる。この計画について、習主席は、解放軍が直面する情勢と任務に緊密に結びつけ、新たな発展の理念を深い次元で貫徹し、「より質と効率性が高い、持続的な発展の実現に尽力しなければならない」と指摘する。

## 1　中国強軍化——6つの理由

中国における強軍の必要性について、習近平主席は多くのコメントを残しているが、6つに総括できる。

### ①中国は世界最大の社会主義国家だから

ソ連が解体して30年以上が経過した。にもかかわらず、敵対勢力は、社会主義・中国が「第二のソ連」になっておらず、「中国崩壊」が起きていないことを大変残念に思っている。中国を弱体化させ、混乱させ、滅亡させるという敵対勢力の企みはまだ残っており、中国を「西側化」「分裂化」「弱体化」させる戦略を一度たりともやめていない。敵対勢力は、あらゆる手段を使って中国に対してイデオロギー的な浸透工作を仕かけ、破壊・分裂活動を策略し、暴力・テロ事件を引き起こし、中国共産党の統治を動揺させるべく企んできた。覇権大国は、たゆまず軍事的な手段を使って各国との軍事同盟を強化することで、中国を戦略的に牽制し、封じ込めをしてきた。

社会主義・中国がこれらの挑戦に効果的に対処していくためには、以下の３点を警戒しなければならない。（１）国家が侵略され、転覆され、分裂される危険、（２）改革、発展、安定が破壊される危険、（３）中国の特色ある社会主義の発展プロセスが中断される危険。我々はあらゆる形の「中国脅威論」に反対するが、あらゆる機会を通じて中国の発展を封じ込め、中国の性質を変えようとする敵対勢力に対して強力な抑止力を持たなければならない。

## ②中国は世界の大国の中で唯一、統一を実現していない国家だから

「台湾独立」という言説の本質は、変わることはない。武力によって統一を妨害する企みも変わらない。台湾独立勢力が祖国を分裂させる危険は常に存在している。独立に反対し、統一を促進し、国家統一を最終的に実現するためには、大きな知恵と力量が求められる。強大な軍事力が後ろ盾としてなく、武力という手段がなければ、平和的統一を実現することは難しい。チャーチル英国元首相は言った。

「中国が英国の手から香港を取り返したいのであれば、戦争しかない」

英国のサッチャー元首相は回想録のなかで次のように綴っている。

「英国が当時香港を中国に返還することに同意したのは、英国と中国の間における明らかな国力の差があったからだ」

「鉄の女」と呼ばれたサッチャーは、強大となった中国を前に、香港を中国に返還するしかなかったのだ。台湾問題の解決も同じで、国家の統一のためには、最終的には強大な軍事力が必要なのだ。

## ③中国は世界の大国のなかで、周辺の安全保障環境が最も複雑な国家だから

中国は周辺の多くの国と領土主権、海洋権益をめぐる紛争を抱える大国である。現在、係争中の領土のうち多くを実効支配できていない。この状況は、中国の領土の一体性と国家の安全を守る上で深刻な問題となっている。このことは、一部の外部勢力に口を挟み、干渉する機会を与えてしまっている。米国や日本は、周辺国家と中国の領土紛争を利用する形で中国を牽制する「封じ込め戦略」を実行しているのだ。これは中国の政治、外交、安全保障、軍事リスクを増大させる動きである。中国の一貫した方針は紛争を平和的に解決するというものであるが、強大な国防と軍事力こそが平和外交の強固な後ろ盾となり、多くの問題を平和的に解決することを力強くバックアップするのだ。

### ④中国は世界で発展が最も速い国家だから

中国は国際的に平和、発展、協力、ウィンウィンといった方針を掲げており、平和的発展の道と、相互信頼、互恵、平等、協力からなる新しい安全保障観を頑なに守っていく。今後、中国がどれだけ発展したとしても、永遠に覇権を求めることはなく、いかなる国家にも脅威を与えないと公言してきた。

しかしながら、中国が平和的発展を実現し、国家の安全と利益、そして世界平和を守り、共同的な発展を促進するためには、強大な軍事力を後ろ盾としなければならないのが現実だ。国家経済が発展していくことで強大な軍事力を建設できるのだ。そうして初めて、危機に対処することができ、平和を守り、戦争を封じ込め、戦争に打ち勝つ能力を持ち、平和的発展という進路を歩むことが保証されるのだ。

現在、中国の国際的地位と世界的な影響力が急速に向上するなかで、さまざまな妨害に見舞われるのは仕方がないと言える。台頭する中国を封じ込める勢力との闘争と攻防は避けられず、時に厳しい局面にも陥るだろう。これは政治制度とイデオロギーが根本的に異なるというだけでなく、世界情勢における地位が異なるからだ。中国を封じ込めようという勢力は、中国という社会主義大国が順調に平和的発展を実現する光景を決して見たくはないのだ。中国が発展すればするほど、彼らは中国に対する西側化、分裂化、弱体化の戦略を強めようとするだろう。彼らの目的は、中国共産党による支配を崩壊させ、中国の社会主義制度を転覆させることにほかならないからだ。

この現実は、中華民族の復興事業が簡単には実現できないことを示している。複雑な国際環境の下で、未来の中国が発展すればするほど、障害や圧力も大きくなり、直面するリスクも増えるのは避けられない。これは、中国が大国から強国へと発展していく過程において避けては通れない試練であるとともに、中華民族が偉大なる復興を遂げる上でも避けては通れない関門となる。

### ⑤中国は強軍化のための戦略的チャンスを迎えているから

中国が各方面で直面する課題はどれも深刻だが、それでもチャンスの方が多い。いまほど中華民族の偉大なる復興という目標に近づいている時期はない。この機会を失っては、チャンスは二度とやってこない。この歴史的チャンスは千載一遇であり、失うわけにはいかない。

新中国建国以来、我々は富国と強軍の関係で3つの段階を経てきている。

第1段階――新中国建国後の20年余り。敵対勢力による厳しい軍事的威嚇に直面するなか、独立と主権を守りきるために、経済的基礎は弱かったにもかかわらず軍事費に多くの投資をした。

第2段階――改革開放以降の20年間。経済発展という大局のために、軍隊は「忍耐」という方針を貫徹した。国防と軍隊建設は長期的に「忍耐」の基礎の上で「富国」の推進に奉仕した。富国は進展したものの、その代わりに強軍は遅れをとった。

第3段階――習近平国家主席が「中国の夢」と「強軍の夢」を提示して以降、国家経済は数十年にわたる高度経済発展を遂げ、総合的な国力が大々的に増強されるなかで、「富国」と「強軍」の一体化を進めた中国の軍隊建設は、世界の頂点に登り詰めるための新たな段階に入る。

### ⑥中国は国連安保理の常任理事国であり、世界平和を守り、各国とともに発展を促す重大な責任を担う国家だから

中国が国際的に責任を担って貢献を果たす大国になりたいのであれば、世界平和と共同的な発展を守ることができる強大な軍事力を持たなければならない。中国強軍化の戦略的意義は、中国の国益だけでなく、世界における戦略的需要からも捉える必要がある。

## 2　現代の軍事危機――3つの深刻な不均衡

中国と米国が「戦略的決勝期」に突入するなかで、最大のリスクは、米国の覇権的心情が膨張し、軍事的冒険主義に出ることで、「戦略的決勝期」が「戦略的決戦期」へと変わってしまうことである。

中米両国間の「決勝」が〔実際の軍事的衝突をともなう〕「決戦」に変わるのを防ぐために、中国にできることは強軍化の歩みを加速させることだ。一刻も早く、戦わずして敵兵を屈服させられる威嚇力と戦闘力を備えることしかないのだ。

２０１０年代に入り、直面する国際環境と戦略的圧力は、２０００年代と比べて質的に異なる。21世紀初頭において、中国の国内総生産（ＧＤＰ）は世界6位だったが、２０１０年には、世界2位まで登り詰めた。世界トップである米国の嫉妬や封じ込めに遭うのは自然なことなのだろう。

このように見てくると、世界には大きく２つの変化が見られる。１つは中国の戦略的地位の変化で、21世紀最初の10年で経済力が6位から2位まで向上したこと。もう１つが米国の戦略的重心がアジア太平洋に移って中国を注視するようになったことだ。この２つの変化によって、中国が国際舞台の中心的な存在となり、太平洋における闘争へと向かわせた。

そして米国人が最も恐れているのは、中国の総合的な国力と発展の潜在力である。それはかつてのソ連や日本とは比べ物にならない。中国がＧＤＰで米国を超越し、世界最大の経済大国となるまでにはそれほど長い時間はかからない。

米国は冷戦終結後、中国の潜在力を誤って過小評価した結果、中国を封じ込めるのが20年遅れた。そのため、いまになって、1分1秒を争って中国を封じ込めなければならないと焦っている。これからの10年は、中米両国にとって「戦略的決勝期」と「戦略的衝突期」になりうる。それは同時に中国の台頭にとっても、また米国が中国を封じ込める上でも「戦略的チャンス」でもあるのだ。この時期は中国にとって、「戦略的包囲期」「戦略的リスク期」「戦略的危険期」といった特徴も内包している。中国が直面する最大の戦略的リスクは、政治や経済面ではなく、軍事面にある。

中国は米国との政治的攻防、経済的競争、外交的闘争においては戦略的な主導権を掌握できるだろう。しかし、米国との軍事的攻防において主導権を奪うのは極めて難しい。なぜなら、米国の中国への対応はこれまで、政治的、経済的、文化的、外交的な分野における封じ込めから、軍事的な封じ込めに転換しているからだ。これは「戦争による封じ込め」と言ってもいいだろう。これからの10年、軍事的攻防こそが中米関係にとって最大の課題になるということだ。

つまり、米国による「軍事的封じ込め」が、中国の「軍事的危機」を誘発しているのだ。

習近平主席は、中国の安全と発展が新たな情勢と挑戦に直面するなか、「危機感と使命感を強く持て」とこれまで何度も強調してきた。中国が直面する最も深刻な危機は、軍事的危機である。中国が受けている最大の封じ込めは、軍事的封じ込めである。そして、最も危険な事態は、戦争による封じ込めに遭うことである。「強軍の夢」を実現するためには、軍事的な危機感と強軍としての使命感を持たなければならない。

中国の軍事危機は、主に３つの深刻な不均衡に表れている。

１つめは、世界の軍事情勢をめぐる深刻な不均衡である。長年、米国一国の軍事費は、他国の総計にほぼ近い状態が続いてきた。スウェーデンのストックホルム国際平和研究所の統計データによれば、米国海軍の艦艇のトン数は、世界第2位から14位までの13の国家の海軍艦艇トン数の総数を越える。また、米国の軍事力による中国包囲は、米国一国の軍事力だけではなく、長期的に実行してきた同盟政策によるものであり、軍事同盟を組織することで、「集団が個体と対峙する」という情況を形成している。

２つめは、中米軍事力対比をめぐる深刻な不均衡である。AP通信の報道によれば、解放軍の高級将軍が２０１１年5月に訪米した際、中国の国防と軍隊現代化の水準は大きく高まったものの、中国軍全体の武器装備について「米国やほかの先進国と比べて、我々は依然20年は遅れをとっている」と述べたという。西側の研究機関も「10年前、解放軍と米軍の実力差は40年の開きがあり、現在に至っても20年遅れている」との認識を示している。
なかでも警戒すべきは、５０００個以上の核弾頭を持つ米国が公然と「核拡張」を進めている点だ。トランプ前大統領は「米国はみずからの核の力を大幅に増強、拡張しなければならない」と宣言したことがある。軍事費支出において、２０１７年の中国の国防費は７％増え、ＧＤＰに占める割合は１・３％ほどだった。同年、中国の軍事費の支出総額は米国の約４分の１にすぎない。トランプ前政権が提案した２０１８年度の国防予算案は、米国の軍事費支出の10％増加を求め、その額は６０３０億ドルに達する。近年、米国は軍事費を増加させている。北大西洋条約機構（ＮＡＴＯ）も、ＧＤＰに占める軍事費の割合が２％に達するように加盟国に呼びかけている。一方、我が国は、武器装備が全体的に米軍よりも20年遅れ、軍事費が米国の４分の１しかない。しかも、中国は一国単独の力で、米国の軍事同盟という集団体制に挑んでいかなければならない。

３つめは、中国が背負う使命と責任をめぐる深刻な不均衡である。中国はすでに世界第２の経済大国となった。しかし、中国が世界第２の軍事強国になるには依然として大きな実力差を埋めていかなければならない。30年以上にわたる中国の台頭は主に経済面であり、軍事面の台頭ではなかった。米国による軍事的封鎖、軍事的包囲、軍事的封じ込め、そして戦争による封じ込めに対し、我が軍が有効に対処できていないことが、中国の軍事的危機そのものと言える。

## 3　孫文から習近平へ――4人の偉人にとっての「海軍の夢」

近代の世界で台頭を成し遂げた大国はいずれも制海権を掌握する海洋強国である。「中国の夢」とは「海洋強国の夢」であり、「中国強軍の夢」とは世界一流の強大な海軍を建設する夢と言ってもいいだろう。「海洋強国を建設する」という目標は第18回共産党大会の政治報告で初めて提示された。中国の海上安全保障をめぐる情勢は刻一刻と変化しており、中国の海軍は近海防御型から近海防御と遠海防御を結合させる戦略への転換が求められている。２０１７年5月24日、習近平主席が海軍機関を視察した際に重要談話を発表した。

「強大な現代化海軍の建設は、世界一流の軍隊にとっての重要な指標であり、海洋強国を建設するための戦略的支柱であり、中華民族の偉大なる復興という『中国の夢』を実現するための重要な構成要素だ」

海軍における指揮官を含めた全兵士が歴史的、時代的な高みに立ち、世界一流を目標に、進取と開拓の精神を持って、戦略的転換を加速させ、強大な現代化海軍の建設に向けて尽力していかなければならないのだ。

## ①「以海制華」（海を以て華を制す）――米国が中国を封じ込める主戦場は海洋

現在、黄海、東シナ海、台湾海峡、南シナ海の各海域において、米国や日本は中国に対して海上の戦略的包囲と封じ込めを強めており、中国は4つの海において厳しい状況にさらされている。近年の海洋方面における攻防において、中国はボトムラインを死守し、有力な報復措置を取り、断固とした闘争を実行し、中国の領土、主権、海洋の権益を有効的に守る必要がある。海上紛争というのは長期的なものであり、我々は長期闘争の準備をしつつ、常に起こりうる武力衝突や突発事件に備えなければならない。

## ②孫文から習近平――偉大な指導者たちにとっての「海軍の夢」

「世界情勢の変化によって、国力の盛衰や強弱を決めるのは往々にして海であって陸ではなくなった。強大な海軍がなければ、制海権が失われるだけでなく、国家と民族の滅亡という悲惨な結末すら起こりうる。海軍の実力というのは富強の基礎となる。海軍を増強するために船舶を管理、開発し、我が国の海軍を列強並みにし、世界で一等の強国になるのだ」

１９１２年１月１日、中華民国が建国された当日、臨時大総統の孫文はこのような指令を発布した。孫文が設立した臨時政府には９つの省があったが、そのうちの１つは海軍省だった。

孫文は近代世界において大国間の海洋競争は３つの段階を経ていると認識していた。大国が地中海で争う第１段階、大国が大西洋で争う第２段階、そして大国が太平洋で争う第３段階である。そのうえで次のように強調していた。

「第１、２段階において中国は部外者だったが、第３段階の競争には何としても参加しなければならない」

第１次世界大戦後の１９１９年、姚伯麟という人物が『戦後の太平洋問題』という本を出版した。その際、孫文は本書のためにまえがきをしたためた。

「太平洋問題とは何か？　世界の制海権をめぐる問題だ。制海権をめぐる競争は、地中海から大西洋へ、今日では大西洋から太平洋へと移っている。かつての地中海問題、大西洋問題については関知しない。ただ今日の太平洋問題は、中華民族の生存に実質的に関係する。中華国家の命運がかかっているのだ。太平洋は中国にとって重心だ。太平洋をめぐる制海権を奪取することは、中国の門戸を守ることだ。この門戸を守ることで、自国の安全が保たれ、経済は繁栄する。相手が我々と争おうとしているのに、我々が無関心でいられるわけがなかろう。姚伯麟が出版した『戦後の太平洋問題』にはたくさんの教訓が詰まっている。中国人にとっての迷える夢を喚起し、危機感を植えつける特別な著書である」

毛沢東は１９５３年の時点で「強大な海軍を建設する」と提起している。太平洋について、毛沢東は１９５８年10月６日、『人民日報』紙上で、みずからが起草した『台湾同胞へ告ぐ書』の中で、次のように指摘している。

「米国は東太平洋国家であるが、なぜ西太平洋にまでやって来るのだ？　西太平洋は西太平洋人にとっての西太平洋だ。東太平洋が東太平洋人にとっての東太平洋であるのと同じだ。このような常識を、米国が知らないはずはなかろう」

１９７０年９月25日、毛沢東はパキスタン海軍司令官ハッサン中将の表敬訪問を受けた際、次のように言った。

「昨今、一部の大国が我々をいじめている。インド洋、太平洋などは大国によって覇権的に占領されている。だから、我々も海軍を育てないといけない」

1975年5月3日、毛沢東は海軍に対して「海軍をしっかり育て、敵を怖がらせろ」と指示を出した。その後、海軍に対して伝達した海軍建設についての報告書の中で、「奮闘努力して10年で海軍建設の目的を達成するように」と命じている。

続く鄧小平も1979年7月には「海軍はそもそもそんなに大きくない。ならば大きく育てようではないか」と提起している。

習近平が中央軍事委員会主席就任後に初めて赴いた視察地は、海軍の南シナ海艦隊の拠点であった。

孫文から習近平に至るまで、100年以上の時間を経て、中国の偉大な人物の底流には1つの共通の理想と志向があることがわかるだろう。それは、世界一の強国を建設すること、そのために、世界一流の中国海軍をつくり上げることなのだ。

## ③中国海軍の夢――戦略的価値とは何か？

建国後70年、新中国は海軍を持っていたものの、それは「大海軍」ではなかった。「大海軍」なくして、中国の海洋における主権を保障することはできない。中国の海洋における主権と権益は長期的に侵犯されている。その理由は多岐にわたるが、中国海軍が強大ではないという事実が最も重要な原因である。

歴史を振り返ってみよう。19世紀末期、米国人は常に英国の海上覇権による圧制を受けていた。米国にとって唯一の選択は、外交的に抗議するのみで何の効果もなかった。米国の商船はしばしば英国軍に拿捕された。米海軍少将で海軍専門家のアルフレッド・マハンは米軍の当時の状況をこう記している。

「尊重される海軍なくして、星条旗が他国から尊重されるわけがない。まるで麦畑のなかにかかっている、カラスを脅かせるための破れた布切れのようなものだ。昨今の世界において、力がなければ正義を勝ち取ることはできない」

現在の中国のシーレーン（海上交通路）は米国海軍のコントロール下にある。米国のコラムニスト、ロバート・カプランは、２００９年に出版した『中国海軍の両洋戦略』において次のように指摘している。

「中国経済の急速な発展は、海路を通じた対外貿易の激増によるものであり、エネルギー輸入への需要も持続的に増加している。これからの20～40年で、中国のエネルギーへの需要は2倍に増える見込みで、うち85％はインド洋からマラッカ海峡を渡って中国の太平洋側にある沿岸港に輸送される。インド洋から太平洋にかけてのシーレーンは、中国にとっての海上の生命線なのだ」

ある資料によれば、現在、中国の貿易総量のうち95％以上がインド洋と太平洋のルートを通っている。中国はすでに30以上の遠洋航路を開拓し、世界１５０カ国、６００以上の港に通じている。シーレーンの安全は確かに中国の生存と発展にとっての生命線だ。しかし、今日の世界において、米海軍は１９８０年代に「シーレーンコントロール戦略」を策定、実施している。その目標は全世界における16の戦略的シーレーンを掌握することで、戦時において相手国の航空運輸と海軍力を有効的に封鎖し、封じ込めることにあった。

なかでも、米海軍が最も注視するのはマラッカ海峡である。１９９２年、米海軍は、世界における重要なシーレーンを相互に結びつける形で８つの海峡群をつくった。米国のある学者は次のように指摘している。

「中国のエネルギーをめぐるシーレーンの安全性は脆弱である。目下、中国海軍はいまだエネルギーを安全に輸送するためのシーレーンを確保できていない」

米国シンクタンクのある研究者は「米国海軍は太平洋とインド洋だけでも中国の船舶を遮断し、中国のエネルギー供給を簡単に切断できる」と語っている。西側のあるメディアはこう強調している。

「マラッカ海峡は中国シーレーンにとっての死角であり、米国がアジア、とくに中国を抑え込むための、喉仏としての通路である。つまりマラッカ海峡を掌握した者が中国の石油通路を掌握するのであり、米国はいつでもアジアの喉仏を抑え込み、中国を窒息させることができる」

２００８年、米海軍はこうした構想に基づいて中国のシーレーンを抑え込むための演習を行った。実際には、米国だけではなく、インドにも中国のシーレーンを抑え込むための戦略がある。インドの国防専門家は、１９７０年代の時点で「インド洋掌握戦略」を提示し、マラッカ海峡を「インドが最も容易に掌握できる世界の戦略的シーレーン」と位置づけている。

２０１２年、第18回共産党大会以降、習近平主席は新たな戦略的局面を打ち出そうとしてきた。そこには「一帯一路」や「一鉄一行」（中国高速鉄道とアジアインフラ投資銀行）などが含まれる。これらにも意味はあるが、中国が海洋上で戦略的主導権を勝ち取るために最も重要なのは、中国大海軍の建設を加速させることであり、米国の海洋覇権を徹底的に打ち破ることなのだ。

## ④「眠れる獅子」が「酔った龍」にならないために――5つの「平和病」の根治

習近平主席は２０１４年10月に開かれた全軍政治工作会議において、解放軍は「平和病」を防ぎ、治癒しなければならないと強調している。「平和病」というのは、ぜいたくを享受して腐敗に手を染めるという次元に留まらず、戦略的思考において危機感を失い、「平和的幻想」の境地に陥ることを意味する。

２００年前の中国は、ナポレオンの言葉を借りると「眠れる獅子」であった。この獅子は、「千年ぶりの大変局」が発生していても気づかず、西側列強に１００年にわたって痛烈に叩かれ続けた。

今日、中国の持続的台頭に直面するなかで、米国という巨大な覇権主義者のなかには、中国を包囲、制圧しようという勢力もいれば、中国に関与して抱擁し、中国を催眠させるべく麻酔を打つことで、「飛ぶ龍」を「酔った龍」に陥れようとする勢力もいる。

中国という「眠れる獅子」が覚醒できるかどうかは、前の者が倒れても後の者がそのしかばねを越えて行くという、勇敢に戦い犠牲を恐れない戦闘の精神を改めて喚起できるかどうかにかかっている。清朝末期の革命家である陳天華は、著書『警世鐘』のなかで次のように述べている。

「各国が我が国の領土を分割し占領してくるとしよう。20歳以上の国民が全滅したとしても、分割、占領にはならない。仮に一時的にそうなったとしても、後世の者たちが20歳になったときに各国を駆逐すればいい。一代でできなければ十代、それでも無理なら百代、千代と続けばいいのだ」

中国に陳天華のような闘士と精神が生まれたからこそ、共産党人はいかなる侵略者とも地の果てまで戦う気概を持つことができた。その結果、帝国主義は中国を分割、占領することができなかった。中国は20世紀の弱肉強食の世界において独立した存在として立ち上がることができたのだ。

21世紀初め、米国による封じ込めを打破し、中華の復興を実現するために、「陳天華の精神」が必要なのである。

ここ数十年、一部の中国人は二言目には「平和」を主張する。「平和的発展」「平和的台頭」「平和的外交」「平和的統一」「平和的解決」……。

平和を高らかに叫べば、平和を勝ち取れると勘違いしているようだ。覇権主義が世界を主導する今日、「利益」と「国力」こそが、国際関係の本質なのだ。国力を持たずして、誰が平和を与えてくれるだろうか？　国力なくして、誰が利益を保障してくれるだろうか？　平和とは「国力」の成果であって、「願望」の産物ではない。

１９００年、英米仏露日など8カ国連合軍の占領下にあった当時の中国人は、いまよりも平和に対する願望は強かった。しかし、国力がなく、軍隊が戦に勝てなかったから、彼らは平和を享受することができなかった。覚醒した獅子となった中国は、長期的な平和に甘んじてはならないのだ。

中国は平和的台頭を堅持するが、平和的幻想に満ちた「酔った龍」と化してはならないのだ。５つの原則は断固として貫かなければならない。

（1）中国は平和的発展を堅持するが、発展は平和よりも尊い。もし外部勢力が中国に平和的発展を許さず、戦略的資源やエネルギーを運送する通路を遮断し、中国の発展を阻止しようとする場合は、中国は平和を守るために発展を犠牲にしてはならない。中国は発展のために戦闘を実行しなければならない。

（2）中国は平和的台頭を堅持するが、台頭は平和よりも尊い。中華民族は19世紀の凋落、20世紀の戦争を経て、ようやく21世紀になって偉大なる復興を実現するチャンスが到来している。国家の命運が頂点に達する千載一遇の歴史的契機なのだ。「台頭」と「復興」こそが、21世紀の中華民族にとっての核心的利益といえる。中国は平和的台頭と平和的復興を堅持するが、もし外部勢力が中国の復興の邪魔をし、封じ込め、抹殺してくる場合は、中国は平和を保持するために台頭を犠牲にして、復興を放棄するようなことがあってはならない。

（3）中国は平和的解決を堅持するが、主権は平和よりも尊い。中国は周辺国家の一部と領土や海洋権益をめぐる紛争を抱えている。中国は平和的解決を堅持するが、平和を守るために主権を犠牲にしたり失ったりすることはあってはならない。平和と主権の矛盾は相容れないものだ。平和と主権の衝突は平和的方法では解決できない。中国は非平和的手段によって国家の主権を守っていくしかない。

（4）中国は平和的統一を堅持するが、統一は平和よりも尊い。中国は平和のために永遠に分裂の状態を座視するわけにはいかない。平和的統一を堅持するために、台湾独立勢力による分裂と独立を容認するわけにはいかないのだ。「平和」と「統一」の矛盾が大きくなり、平和的手段によって分裂を止めることができず統一ができない場合、分裂を阻止し、国家の統一を実現するために、我々は平和を犠牲にすることで、統一を死守しなければならない。この点で言うと、米国の統一戦争（南北戦争）こそが中国にとってのモデルとなる。米国は4年におよぶ内戦を厭わず、50万人以上の代償を伴う形で国家の分裂を止め、統一を守ったのだ。米国はまず「統一」を、次に「台頭」を実現した。国家の統一が国家の台頭を保障したのである。中国の未来のシナリオにとって、選択肢は3つある。①「まずは統一を、次に台頭を実現する」、②「台頭しながら統一を実現する」、③「台頭した後に統一を実現する」である。どれを選択するかは、国際情勢と台湾海峡の情勢しだいで決まる。

（5）中国は平和的外交を堅持するが、中国外交の原則は平和よりも尊い。平和には性質的区分というものがある。平等、公正、正義の原則に基づいた平和もあれば、妥協、譲歩、屈服、売国、投降によって得られる平和もある。挑発者を前にして、闘争しなければ平和は生まれる。圧迫者を前にして、抗争しなければ平和は生まれる。侵略者を前にして、抵抗しなければ平和は生まれる。つまり、すべての平和が栄光あるものではないということだ。原則を失った平和というのは、屈辱でしかないのだ。原則を貫く闘争こそが、栄光なのだ。中国は平和的外交を堅持するが、平和がすべてに優先するわけではない。平和よりも尊いものが国家の主権と尊厳なのだ。よって中国外交というのは、平和的外交であると同時に、それ以上に原則的外交でもあり、平和的外交を超越する原則的外交なのだ。中国外交は平和をめぐって展開されるだけではない。中国の外交、中国の平和、中国の闘争は、一律に国家の核心的利益に奉仕し、中国と世界各国間の関係に独立、自主、平等、正義を体現、実現させ、人類全体の長期的利益を守るものでなければならないのだ。

平和とは幸福ではあるが、一種の危険性も伴う。清朝の康熙帝、乾隆帝の時代に代表される平和、幸福、安定がなければ、中国は「眠れる獅子」に没落することはなかった。1840年から1949年、中国は100年以上の戦闘によって新たな国家をつくり上げ、独立と平和を勝ち取った。新中国建国後の最初の30年を振り返ってみよう。

1950年代初期の朝鮮戦争、1960年代初期の中印国境戦争、1960年代末期の中ソ国境戦争、1970年代末期の中越戦争……。

平和な時期は10年と続かなかった。一方、今日の中国は、30年以上の平和を持続的に享受している。これからの30年、中国は引き続き戦わないことができるだろうか？

# 第4章　習近平国家安全戦略の4大転換

「安而不忘危、存而不忘亡、治而不忘乱」（平安の中でも危険を忘れず、生存しているなかでも滅亡を忘れず、統治できているなかでも動乱を忘れないこと）

これこそが、中華民族が５０００年の歴史のなかで培ってきた「安全哲学」といえよう。「国泰民安、長治久安」（国家が安泰で人民が平穏である。それによって社会が長期にわたって安定すること）。これは、中国が歴史的に国を治め、政治を管理するなかで追求してきた理想的境地といえよう。「国泰民安」における核心的問題とは、安全の問題だ。ここで言う安全には、①国家の安全が外敵による侵略を受けないこと、②社会の安全が戦乱という災難に見舞われないこと、③政権の安全が転覆されて為政者がクーデターという危険に遭わないこと、が含まれる。現在急速に台頭している社会主義・中国にとっての国家安全保障問題は、いま世界のどの大国の国家安全保障よりも複雑で危険な状況と言わざるを得ない。

中国の国家安全保障を観察するには大きな視野が求められ、それを保証するには大きな戦略が求められる。習近平主席は近年「総合的国家安全保障観」を提示してきた。それは、21世紀において安全な中国を建設して、国防と軍隊建設を指導する大戦略である。総合的国家安全保障観は、「強軍の夢」を実現するための総合的な指導思想なのである。

## 1　近代以降――中国の国家安全保障が歩んだ4つの段階

1840年のアヘン戦争以降、中国の国家安全保障は4つの段階を踏んでいる。それぞれの段階で直面した安全保障上のリスクは異なっていた。

第1段階――新中国の建国以前、中国の安全保障リスクは、主に民族の「生存問題」、すなわち中華民族の存亡にかかわる問題だった。

第2段階――新中国建国後、改革開放前、国家の安全保障リスクは主に「平和問題」、すなわち独立を獲得した新生社会主義共和国が侵略されずに、長期間におよぶ平和的環境を構築できるか、祖国を防衛できるか、侵略から防御できるかという伝統的な安全保障の範囲内の問題だった。

第3段階――改革開放の30年間において、経済グローバル化という大きな流れのなかで経済建設をしていくうえで、国家安全保障における主な問題は経済安全保障が中心だった。

第4段階――中国の経済力が世界第2位となり、習近平指導部が中華民族の偉大なる復興と定義される「中国の夢」を提示してからの段階を指す。米国は世界戦略の重点をアジア太平洋へシフトし、中国を主な戦略的相手と位置づけ、中国に対して軍事的包囲と封じ込めを実行してきた。中国の安全保障をめぐるリスクは高まり、安全保障問題の全面性と複雑性が増大している。このような状況下において、伝統的な安全保障戦略は、もはや全面的な安全保障上の脅威に有効に対応することはできなくなっている。中国は国家安全保障大戦略を刷新しなければならない。

だからこそ、第18回共産党大会以降、習近平国家主席は新たに「総合的国家安全保障戦略」を提示したのだ。

## 2　習近平の国家安全保障戦略——4大イノベーション

習近平国家主席が提示した「総合的国家安全保障戦略」とは、新中国の安全保障戦略が時代や情勢に沿って改定されたイノベーションであり、それは4つの特徴がある。

①国家安全保障リーダーシップ体制におけるイノベーション。「国家安全委員会」を新設し、中国の国家安全保障が直面する新情勢に対応できるようにした。党の最高レベルにおいて、集中的かつ統一的で効率の良い体制を構築し、戦略的に国家安全保障業務の指導力を強めた。

②国家安全保障の概念の革新。これまでの「伝統的安全保障」に加えて、新たな時代の

条件下で生じる「非伝統的安全保障」を結合させた総合的安全保障観だ。伝統的意義における国家安全保障は、主に国家主権と領土の一体性や、軍事的意義における国家安全保障を指していた。現代においては、国家安全保障は軍事安全保障の問題だけではなく、政治、経済、文化といった領域を含むようになった。

③国家安全保障戦略体系の構築。「総合的国家安全保障観」を堅持し、人民の安全と、政治の安全を根本に、経済の安全を基礎に、軍事、文化、社会の安全を保障に、国際的安全保障を鑑みて、中国の特色ある国家安全保障の道を切り開くことだ。これは新型で完結した中国国家安全保障の大戦略である。

④国家安全保障のあり方をめぐる特徴。中国の特色ある国家安全保障は、国内の安全保障戦略をめぐる「人民性」と、グローバルな安全保障をめぐる「国際性」に現れている。習近平主席は「総合的国家安全保障観」が中国一国の国内的な安全保障ではなく、アジア太平洋地域における総合的な安全保障や、世界全体の総合的安全保障と緊密に融和したものでなければならないと提起している。この総合性というのは、中国国内、アジア地域、そして世界の安全という三つの次元から構成される安全保障体系を意味する。

## 3 国家安全委員会の設立——国家安全リーダーシップ体制のイノベーション

第18回共産党大会以降、習近平国家主席が率先して改革したのが、国家安全保障のためのリーダーシップ体制だった。

国家の安全保障と社会の安定は、改革や発展のための前提となる。近年、中国は外部から国家の主権、安全、経済的利益を守ることに加え、国内の安全と社会の安定を守るという二重の圧力を受けている。だが、我々の安全保障の業務体制とメカニズムは依然として国家の安全を保障するのに適応できていない。だからこそ、強固なプラットフォームを築くことで、国家安全保障業務を統合していく必要がある。国家安全委員会の設立は、国家安全保障業務の集中的かつ統一的なリーダーシップを強めることが目的で、差し迫った任務なのだ。

２０１４年1月24日、中国共産党中央政治局は会議を開き、中央国家安全委員会を設立し、習近平が主席を、李克強と張徳江がそれぞれ副主席を担うことを決めた。同委員会は中共中央の国家安全業務の政策の決定と調整をしていく。

続く同年4月15日、習近平主席は中央国家安全委員会の第1回会議をみずから司会を務める形で主宰した。習主席は同会議で重要談話を発表し、こう指摘した。

「党の18期3中全会が国家安全委員会の設立を決定したことは、国家統治システムと統治能力の現代化を推進し、国家の長期的な安定と繁栄の実現という差し迫った要求に応えるものであり、全面的に小康社会を建設し、中華民族の偉大な復興という『中国の夢』の実現をバックアップするものだ。その目的は我が国の国家安全保障が直面する新たな情勢と任務により良い形で適応したうえで、集中的、統一的、効率的、権威的な国家安全保障体制を構築することと、国家安全保障業務へのリーダーシップを強化することである」

国家安全委員会には、4つの具体的な役割が求められている。

①国家安全保障戦略の創新と実施。国内外の安全保障情勢が日増しに、複雑に変化する今日、これまでの中国の軍事戦略を主とした国家安全保障戦略では対応できなくなりつつある。時代や情勢の変化に適応し、戦略そのものを改善、創新することで、国家安全保障の実践を指導し、全面的に保障することが可能となる。

②国家安全保障をめぐる法整備の拡充と推進。習近平主席が総合的国家安全保障観を提示する前、中国の「国家安全法」は主に、防諜分野での法律であり、狭義の安全法だった。国家安全保障が包括的かつ複雑化する新情勢に対応するため、アップデートした新たな法律を制定することが急務となった。２０１５年7月1日、第12期全国人民代表大会常務委

員会第15回会議は新たな「国家安全法」を採択し、習近平主席の国家安全保障観をめぐる戦略的思想を国家法制のレベルにまで高めた。

③国家安全保障政策の細分化。新たな国家安全保障戦略をどう実施して、着地させるのかについて、具体的な安全工作の方針や政策を細部にわたって策定した。具体的には、（1）国内外の重大な安全保障上の危機、突発事件に対応するための政策と原則、（2）社会的矛盾の解決、国内の社会的安定を促進するための政策、（3）「三悪勢力」（分裂主義者、原理主義者、テロリスト）に打撃を与え、民族の団結を守るための政策、（4）国家の統一や領土紛争に関する政策、（5）サイバーセキュリティや海洋安全保障などに関する政策、（6）国境周辺地域における安全保障政策、などが含まれる。

④部署間の垣根を超えた議事の調整機能の役割。長年、国家の重大な安全保障に関わる事件に対処する場合、各部門はそれぞれ別々に対応してきた。ところが近年、新疆ウイグルやチベットの両自治区で起きたテロ事件には、深刻な国際的背景が絡んでおり、国内部署だけでは対応しきれず、情報機関や外交当局との密接な協力が不可欠となっている。国家安全委員会は垣根を超えた最高政策決定機関として、公安、国家安全保障、軍隊、武装警察、外交、交通、経済、情報機関、党中央宣伝部、国務院新聞弁公室、香港・マカオ・

台湾関連の部署を統括し、国家安全保障をめぐる重大な問題の研究と解決に従事していく。

## ４　伝統的安全保障から総合的安全保障へ

伝統的な脅威というのは、主に軍事侵略と政治転覆を指す。経済のグローバル化、社会の情報化、文化の多様化、利益の多元化が見られる現代において、国家安全保障業務が直面する課題は伝統的安全保障の範疇をはるかに超えている。２０１４年４月15日、習近平主席は中央国家安全委員会の第１回会議で次のような談話を発表した。

「今日、我が国の国家安全保障をめぐる情勢は、歴史上のいかなる時期よりも広範かつ複雑となっている。そのため、総合的国家安全保障観を堅持しつつ、伝統的安全保障と非伝統的安全保障の双方とも重視しなければならない。その上で、政治、国土、軍事、経済、文化、社会、科学技術、情報、生態、資源、そして核をめぐる安全を一体化する国家安全保障体系を構築するのだ」

総合的国家安全保障観の提示は、伝統的安全保障観の超越と発展を意味するが、だからといって伝統的安全保障の戦略的価値を下げることを意味するわけではない。習近平主席は軍隊についての重要会議において、次のように指摘したことがある。

「我々は国家が侵略され、転覆され、国家分裂のほか、改革や発展、安定した状況の破壊、中国の特色ある社会主義の発展プロセスが中断される危険を強く警戒しなければならない。軍隊はいつでも戦争ができるように準備をしていくための思想を強化しなければならない。党中央と中央軍事委員会による指令が出されたとき、即座に戦場へ赴き、戦闘に勝てるようにしておかなければならない」

## 5　人民の安全を中心に据える——国家安全保障の本質を規定

総合的国家安全保障観にとっての第1条は、「人民の安全を中心に据える」ことだ。これは我が国の安全保障の本質といえる。中国共産党と中国人民解放軍の根本的な役割は「人民への奉仕」である。人民の権益が侵犯され、損害を受けることを防いだうえで、社会の公平と正義のほか、人民の合法的権益を守らなければならない。習近平主席は2014年1月7日の中央政法工作会議における談話のなかで、次のように指摘している。

「統治の道とは、人民に安寧を与えることであり、人民に安寧を与える道とは、彼らの困難や苦しみを観察することである。民衆にとって切実な利益を守るために重大な作用を持つ制度を最適化し、矛盾を解消していく過程における法律の権威的地位を強化する必要がある。人民による訴求の表現、矛盾の解決、権益の保障、心理的誘導などを円滑に、健全に、秩序立って行うためのメカニズムを構築することで、人民が最も直接的かつ、現実的に関心を持つ利益問題を解決し、民衆に心の底から、みずからの権利が公平に守られていて、利益が有効に守られていると実感してもらうことが大切なのだ」

## 6　政治の安全を根本に据える——国家安全保障の核心

総合的国家安全保障観は政治の安全を国家安全保障の根本に据えるが、これは中国の国家安全保障の核心に関わるものだ。我々は政治制度やイデオロギーといった分野で、西側諸国とは完全に異なる。この事実は、我々と西側諸国との間の闘争と攻防は、調和がとれないことを意味し、長期的かつ複雑で、時に極めて厳しいものになるだろう。西側諸国は、国家戦略や価値観において、我々のような社会主義大国が平和的発展を順調に実現する姿を決して見たくないのだ。我々が発展すればするほど、西側諸国はより焦燥感を覚え、我が国に対して「欧米化」や分裂工作を強めてくるだろう。西側諸国の目的は我が党の領導を破壊して、社会主義制度を転覆させることにある。もちろん、我々は西側諸国との関係を発展させ、経済や技術面での協力を強化することで、我が国の発展のために最適な条件を勝ちとらなければならない。同時に、西側諸国の人々のDNAのなかにある政治的な企みに対しては強く警戒しなければならず、いかなる幻想も抱いてはならない。

我々は現在、中華民族の偉大な復興と、世界の強国になる歴史的な過程にある。西側先進国が有利である経済や科学技術といった分野において、我々は長期間にわたって圧力を受けていくことになる。国際社会における2つのイデオロギー闘争と制度的攻防に直面しており、海外敵対勢力は我が国に浸透や転覆の工作をしかけてくるだろう。今日、中国における政治の安全は主に、イデオロギー、政治路線、国家と政権の安全に集中している。

イデオロギーの安全とは、イデオロギーと核心的価値観が転覆される事態を防止することを指す。具体的には、①マルクス主義の宣伝思想工作における指導的地位の堅持、②国家全体のイデオロギーにおけるマルクス主義の主導的地位の堅持、③「和平演変」（平和的手段によって中国の社会主義体制を崩壊させること）の封じ込めと「カラー革命」（旧ソ連圏や中東諸国における民主化運動の総称）の抑制と防止に収れんされる。

政治路線の安全とは、中国の特色ある社会主義制度が転覆される事態を防止することを意味する。中国の特色ある社会主義の進路は、中華民族の偉大なる復興を実現する上で不可欠な路線であり、ここから外れるようなことがあれば、国家の行方や命運は政治的な危険に晒されるだろう。

国家と政権の安全とは、中国共産党の執政地位が揺らぐのを防止することを指す。中国の特色ある社会主義にとって最も本質的な特徴は、中国共産党による領導を堅持することだ。あらゆる敵対勢力は中国共産党による領導と我が国の社会主義制度の動向に注目しており、なんとかして消滅させたいと思っている。中国において、国家の安全と社会の安定にとって最大の根拠と後ろ盾は、中国共産党による領導にほかならない。

## 7　経済の安全を基礎に据える

国を平和に治めるためには、経済が基礎になる。経済安全保障は国家安全保障の基礎であり、軍事の安全、政治の安全、社会の安全、科学技術などの安全を実現、確保するための前提条件となる。経済安全保障に問題が生じると、「基礎が揺らぎ、山地が揺らぐ」という困難と危険な局面にさらされることになる。発展の問題だけでなく、安全の問題も重視しなければならない。発展は安全の基礎であり、安全は発展の条件である。富国を以て初めて強兵を実現することができる。そして強兵を以て初めて、祖国防衛が可能になるのだ。

科学技術の現代化と経済のグローバリゼーションは、経済安全保障の領域をより深化、拡大させている。今日の経済安全保障は、伝統的な意義における衣食住をめぐる安全だけでなく、科学技術や情報、金融、環境、食料、遺伝子のほか、知的財産権なども含まれる。経済安全保障が、一国の安全保障に影響を及ぼすようになったのだ。

『戦争論』の著者、カール・フォン・クラウゼヴィッツの「戦争は他の手段をもってする政治の継続にすぎない」という名言がある。では、政治とは何か？　ウラジーミル・レーニンは「政治とは経済の集中的表現である」と解説する。

つまり、戦争は政治の継続であり、経済こそが戦争の根源なのだ。そして、戦争は生存利益をめぐる矛盾が引き起こすものだ。十字軍遠征からイラク戦争に至るまで、西側世界は軍事を経済発展のために活用してきた。戦争は投資であり、経済は産出であった。市場が戦場を指揮し、戦場は新たな市場を生み出してきた。現代世界における主な先進国は、軍事戦略を策定する際、経済的要素を深く考慮している。重要な資源の産地は、政治、軍事、外交における闘争の主戦場となっている。西側国家が他国を侵略し、干渉する際、あたかも人権や民主を前面に打ち出しているように見えるが、実質的には経済こそが戦争を後押ししてきたのだ。

中国がグローバリゼーションに関与するにあたり、西側による既存のルールに直面し、資源確保を主導することも、市場における価格設定もできず、労働的価値が深刻に過小評価されている状況下に置かれている。そのようななか、中国は自国の経済を発展させなければならないが、その過程で経済安全保障が直面する戦略的リスクは深刻なものになっている。たとえば、経済にとっての〝血液〟である石油について、中国は全体の半分以上を中東、アフリカ、東南アジアから輸入しており、うち5分の4がマラッカ海峡のシーレーンを通過している。このルートは外国によってコントロールされているため、こうした資源とエネルギー安全保障を中国がみずから制御しないかぎり、経済安全保障は常に危険に晒されることになる。

## 8　軍事、文化、社会の安全を基礎に据える

総合的国家安全保障観は、「軍事、文化、社会の安全を基礎に据える」と提起した上で、軍事、文化、社会という3つの分野における安全が、国家全体の安全保障にとって重要な役割を果たすと強調している。軍事力が国家の安全保障を支えるハードパワーだとすれば、文化の力は国家の安全を保障するソフトパワーである。社会の力は国家と民族にとって最

も基本的かつ広大な原動力であり、社会の力は国家の源泉なのだ。

近年、国家安全保障における文化の安全の重要性は高まっている。国連開発計画（ＵＮＤＰ）が１９９２年に発表した「人類発展報告書」は初めて、「文化の安全」を人類社会が享受すべき基本的権利と記した。経済グローバリゼーションは世界の異なる文化の間の交流、競争、そして摩擦を増加させた。「文化の安全」とは、究極的に言えば、「大脳の安全」なのだ。「文化侵略」の目的は、他者の大脳に影響を与え、制御することで、２カ国間の権力関係を変えるための道具にすることを目的としているといっていいだろう。

１９８９年５月に作成された米国のある公文書には次のように記されている。

「米国は20～30年の時間をかけて硝煙の出ない新たな世界大戦を戦う。その時、我々は社会主義を我々の側に融合し、それによって西側文明が主導する新たな世界を構築する」

米国など西側諸国による「文化侵略」は、ソ連の解体と東欧の革命を通じて、成功を収めた。そして、その成功体験を中国でも実現しようと企んでいる。

## 9　地域と国際社会の安全の促進を重視——運命共同体の構築

一国の安全は、独立したものではなく、国家の周辺、地域、そして国際的な環境と密接につながっている。国家の安全の防衛、地域の安全の推進、国際的安全の促進が「三位一体」であることを前提に考えていかなければならない。

国際的安全を促進することを重点的に据え、国家の安全と国際的安全を緊密に結合させることは、総合的国家安全保障観の重要なポイントである。自国の安全だけでなく、共同の安全を重視して運命共同体を構築することや、各国との互恵的な関係、共同の安全という目標を推進するために尽力すべきだと強調する。

地域の安全は、国家の安全と国際的安全の間で重要な地位と役割を有している。21世紀のアジアはすでに、グローバルな安全保障問題が先鋭化した敏感な地域となっている。２０１４年５月21日、習近平主席は上海で開かれたアジア相互協力信頼醸成措置会議（ＣＩＣＡ）の会合で、次のように演説している。

「今日のアジアは、世界の67％の人口と、３分の１の経済総量を占めるようになり、アジアの安定は世界平和にとっての幸福となる。情勢は発展し、時代は進歩する。前進する時代の流れに追いつかなければならない。身体が21世紀に入っているのに、大脳が冷戦的思考やゼロサム思考という旧来のままではいけない。我々は共同、総合、協力、持続可能なアジア安全保障観を積極的に提唱し、安全保障理念を創り出し、地域の安全保障と協力の新たな枠組みを作るすることで、共に構築し、共有し合う、ウィンウィン関係のアジア安全保障の道を模索すべきだ」

習主席が指摘した「共同」とは、すべての国家の安全を尊重し、保障すべきだということを意味する。アジアは多様性という特徴があり、各国の国力のほか、歴史、文化、伝統、そして政治制度も千差万別だ。各国の利害が交錯するなか、一国が繁栄すればみんなが繁栄し、そして一国が損害を被ればみんなが損害を被るという運命共同体の様相を帯びてきている。

こうした各国の多様性と相違を地域安全保障協力へと転化していくべきなのだ。そのためには主権、独立、領土の一体性を尊重し、内政不干渉を含めた国際関係の基本的原則を守り、各国がみずから選択した政治制度と発展方法を尊重すべきだ。第三国を標的とした軍事同盟の強化は、地域の安全保障にとってはマイナスとなる。

いわゆる「総合」とは、伝統的安全保障領域と非伝統的安全保障領域を統合的に実現することを指す。アジアの安全保障問題は極めて複雑だ。テロリズム、多国籍犯罪、環境の安全、サイバーセキュリティ、資源・エネルギーの安全、自然災害などがもたらす課題は急速に増えている。アジアの安全問題の歴史的経緯と現実的状況を総合的に捉え、多角的管理と、総合的施策を通じて、協調的な安全保障ガバナンスを推進していくべきなのだ。

「協力」とは、対話と協力を通じて各国と地域の安全保障を促すことを指す。平和的な方法で紛争を解決することを堅持し、武力を使用したり、武力によって相互に威嚇し合ったりしてはならない。アジアのことは究極的にはアジア人によって行われなければならない。アジアの問題は究極的にアジア人によって処理されなければならない。アジアの安全は究極的にはアジア人によって守られなければならない。アジア人には協力を通じて地域の平和と安定を実現する能力と知恵があるからだ。

「持続可能」とは、発展と安全を同じように重んじ、持続的安全を実現すべきことを意味する。アジアの大多数の国家にとって、発展とは最大の安全保障であり、地域の安全保障という根本的問題を解決することなのだ。どれだけ大きな困難に見舞われても耐えられるアジアの安全保障体系を構築するためには、発展という主題に焦点を当て、国民生活を積極的に改善し、貧富の格差を縮小し、安全保障の基礎を不断に固めていくことが重要だ。

# 第5章　反台湾独立から祖国の完全統一へ

中国の台湾問題において、米国は長期的に1つの「話語体系」〔影響力の行使を目的とする世論形成システム〕を築き上げてきた。それは、中国大陸は台湾に対して「平和的解決」「平和的統一」だけが許され、武力を行使してはならないという主張だ。台湾が平和的に回帰することを最も望み、平和的統一に最も努力しているのは中国であって、米国ではないにもかかわらず。米国が中国に対して、台湾に武力行使をしてはならないというルールを設けることは、両岸の分離、中国の分裂状態の維持、中国が国家統一を実現することへの干渉と妨害にほかならない。

19世紀の米国がいかにして国内の分裂勢力を粉砕したかを見よ。米国が大規模な統一戦争に踏み切った断固たる決心と、払った甚大な代償を見よ。そうすれば、21世紀の中国に対して平和的手段を使って国家統一を実現しなければならないと求める論理がいかに偽善的であるかが分かるだろう。

## 1 「中国の夢」「統一の夢」——統一は平和よりも尊い

「中国の夢」をめぐる重要な要素の1つが、「国家統一の夢」だ。では国家統一をどう実現するか。方法は2つしかない。

平和的統一と武力統一だ。

我々の願いは平和的統一だが、統一は平和よりも尊い。平和的手段によって統一が実現できないとき、平和のために統一を犠牲にしてはならず、放棄してはならない。平和のために統一を無期限に延期するようなことがあってはならないのだ。

武力を使った統一は、巨大な代償が伴う。しかし、「台湾独立」勢力が力をつけ、国家から分裂することを決心したり、ほかに選択肢がなかったりした場合、中国大陸は「中国統一戦争」という偉大な旗印を高らかに掲げ、台湾独立を粉砕する決意と気概をもって武力統一を実行しなければならないのだ。

20世紀の中国は14年にわたる「抗日戦争」〔１９３１年～１９４５年の満州事変から日中戦争までの中国側の呼称〕に挑んだ。世界の進歩的勢力と共に、日本軍国主義を徹底的に叩きのめした。抗日戦争に勝利した後、中国共産党は新中国を建設するために、人民を領導して気概にあふれた「解放戦争」〔１９４６年６月に始まった国民党と共産党の内戦の中国側の呼称〕に挑み、国民党の蔣介石による中国大陸での反動的統治を完全に終わらせた。

そして新中国は、世界最強の米軍を前に、勇敢に鴨緑江を越え、世界を震撼させた偉大なる「抗米援朝戦争」〔１９５０年６月に始まった朝鮮戦争の中国側の呼称〕に挑み、「米軍には絶対に勝てない」という神話を打ち破った。

21世紀の中国は国家の統一と民族の復興を実現する過程において、「中国統一戦争」に打ち勝つための準備をしなければならない。当時、解放軍が長江を越えて戦い、中国全土を解放したように、海峡を越えて、中国全土を統一するのだ。

台湾独立勢力が猛威を振るうようであれば、「中国統一戦争」が必然的に引き起こされるだろう。

仮に台湾が平和の維持を口実に統一を長期的に拒むようであれば、中国大陸は武力をもって国家の統一を実現するしかない。

中国は「不戦而統」（武力によらない統一）を追求しつつも、「以武促統」（武力による統一の促進）も果敢に進める用意がある。

21世紀の「中国統一戦争」は、反分裂、反台湾独立、反外部勢力干渉のための戦争であり、それは正義の戦争であり、神聖な戦争でもある。

統一戦争によって分裂勢力を断固として粉砕し、国家統一を守ったという意味で、米国こそが中国のお手本になるだろう。

米国は台頭する過程において、南北戦争（1861年から1865年にかけて北部のアメリカ合衆国と合衆国から分離した南部のアメリカ連合国の間で行われた内戦」を戦った。南北戦争の目的は、国家統一を守り、分裂に反対して封じこめることであった。米国の南北戦争は性質上「米国統一戦争」と言ってもいいだろう。中国が台頭する過程においても、分裂に反対し、分裂を抑えこみ、国家の統一を守るという課題を抱えている。将来、台湾海峡において、中国は「中国統一戦争」を戦わなければならなくなるかもしれない。したがって、米国の「統一戦争」を研究することは、中国統一戦争への準備として意義があることなのだ。

## 2　「米国統一戦争」——甚大な犠牲と巨大な代償

米国は分裂勢力に反対するという点において、態度は明確で行動は迅速だった。４年という時間を費やした高い代償を惜しまない戦争によって国家の統一を守った。主権国家にとって、分裂に反対し、統一を維持し、実現することは核心的利益と言っていいだろう。「統一」と「平和」の関係において、統一は平和よりも尊く、これは戦略的原則の問題なのだ。我々が「米国統一戦争」を研究する上で、まずは米国がこの戦争をどう指導したかという戦略的原則を研究しなければならない。それは、国家の統一は何よりも尊く、分裂への反対は断固として揺るがない、という考え方だ。統一か分裂かという問題において妥協の余地はなかった。南部の分裂主義者が率先して分裂の旗を掲げ、武力行使をしたとき、北部がギリギリまで譲歩しても、南部による分裂を止めることはできなかった。戦争という手段によって、統一を堅持する北部の米国人が、分裂を目論む勢力との闘争に打ち勝ち、国家の統一を守ったのである。揺るがない指導原則と明確な戦争目標が、米国の戦略的決心、戦略的勇気、戦略的気概を決定づけたのである。

この「米国統一戦争」には次のような特徴が見出せる。米国人はこの戦争でみずからの長所を存分に発揮したと言えよう。



### ①予測することが困難だった戦争終結

1860年12月、サウスカロライナ州が合衆国連邦から脱退すると宣言したことから始まる。1861年1月には、それに続いてジョージア州、フロリダ州、アラバマ州、ミシシッピ州、ルイジアナ州の5州が脱退。6つの分裂州が連合してみずからの憲法を制定し、みずからの議会を設立し、みずからの大統領を選ぼうとした。そして1861年2月に「アメリカ連合国」の成立を宣言した。同年5月までに、テキサス州、アーカンソー州、テネシー州、ノースカロライナ州、バージニア州が連邦を脱退し、「アメリカ連合国」に加盟した。このように、国土の４分の１と、人口の３分の１が分裂した。国家が二分される危機的状況において、米国の内戦は「半分の米国がもう半分の米国と闘う」戦争となった。

　米国の歴史家、ウォーレン・コーエンによる編著『ケンブリッジ米国対外関係史』はこう綴る。

「エイブラハム・リンカーンが１８６０年11月に大統領になってまもなく、南部における複数の州が連邦から脱退した。１８６１年２月、これらの州は米国南部で連合国を設立し、武力衝突が起きた。同7月、内戦における最初の激戦において、南部連合国はワシントン郊外におけるブルランの戦いで勝利を収めた。……もちろん、北部は最終的に南部連合を打ち負かしたが、最初の数年は、結末がどうなるかは極めて不確かだった。仮に欧州各国が南部に手を差し伸べたとしたら、結果は違ったものになった可能性が高い」（ウォーレン・コーエン編著『ケンブリッジ米国対外関係史』中国語版、上巻、２２４頁、新華出版社、２００４年5月、第1版）

「米国統一戦争」は勝算が確実視された状況で行われたわけではなかった。北部はこの戦争の初戦で負けたのである。しかしながら、国家統一という利益のためには、それでも戦わなければならないこと、最後には勝たなければならないことを要請した。米国統一戦争のリスクは甚大だった。リンカーンをはじめとする統一派はリスクを背負いながらも、意思決定を勇敢に実行し、国家統一のために粉骨砕身するという戦略的気概を持ち合わせていたのだ。

## ②複雑な戦略的環境

南部連合が国家を分裂すべく果敢に動いた重要な要因として、英国やフランスといった欧州国家が米国に干渉して、米国を封じ込めようという企みがあった。

英国は当時、北米大陸で台頭してきた強大なアメリカ合衆国のことを終始、仮想敵国とみなしていた。なぜなら、米国が欧州諸国に対して、アメリカ大陸とヨーロッパ大陸間の相互不干渉を提唱した「モンロー主義」のほか、北米と中南米における拡張的行動に対し、とくに英国が早くから不満と憤慨を感じていたからだ。英国は米国の分裂と衰弱を本能的に望むようになった。仮に米国の南部が連邦から脱退して独立すれば、英国は国際舞台における競争相手を減らし、英国が米州で勢力範囲を拡張する上での巨大な障害を取り除くことができるうえ、独立した綿花の供給地を獲得することにもつながった。

１８６１年５月13日、英国は米国の内戦に中立政策を貫くことを宣言し、南部連合を交戦国として承認した。これは南部連合を独立国家と承認する重要な一歩を意味していた。同時に、英国は秘密裏に南部に金銭や武器、その他の物資を支援し、英国の海軍艦隊を米国の海域に派遣し、米国連邦政府に圧力をかけていた。

フランスとスペインも、英国と同じような見方をしていた。米国内戦という有利な時機を利用し、モンロー主義の壁を打ち破り、米国における植民地統治を構築し、拡大しようとはじめから企んでいた。フランスとスペインの２カ国は、メキシコを侵略したかっただけではなく、スペインは再び、ドミニカを吸収することをもくろんでいた。フランスとスペインは共に米国を分裂させようとしていた南部連合に加担し、支持した。英国が南部連合を交戦国と承認してからまもなく、フランスとスペインもすぐに中立政策を貫くことを宣言し、南部連合を交戦国と承認した。

ほかの多数の欧州国家も南部連合に同情し、支持した。この不利な国際環境は、内戦下にあった米国の外交に大きな困難をもたらした。実際、戦争の過程において、英国が物資面で南部を支持した結果、米国の内戦は約２年間引き延ばされ、連邦政府は軍事支出を20

億ドル余分に捻出しなければならなくなった（王縄祖編『国際関係史』第2巻、382頁、世界知識出版社、1995年11月、第1版を参照）。

以上のことから、米国が連邦国家として統一を取り戻すための戦争をする決意をした際に直面していた問題は、南部の分裂勢力だけではなく、その背後に欧州諸国の干渉勢力も存在していたことだった。このような複雑で難しい戦略的環境は、北部にとって厳しいものだった。北部はこのような状況下でも試練に立ち向かい、勇敢に前進し、民族の意思と精神力を体現したのだ。

### ③紆余曲折だった戦争過程

1861年から4年間続いた米国の内戦は、長期戦に備えるための精神力が南北双方に試される一種の我慢比べともいえた。

1861年2月、南部は米国南部連合を結成し、武力衝突が勃発。同年7月、緒戦では、南部がブルランの戦いで大勝、北部は大敗した。翌1862年8月、北軍は第2次マナサスの戦いで深刻な過ちを犯す。英国政府はこれを連邦政府の完全な惨敗だとみなし、欧州国家による干渉を実行し、英国の意思に基づく内戦終結に絶好の機会がもたらされたと認識したほどだった（王縄祖編『国際関係史』第2巻、３５９頁、世界知識出版社、１９９５年11月、第1版を参照）。だが、北部は挫折と屈折を味わいながらなんとか我慢し、戦い抜き、そして最終的勝利を収めたのである。

## ④甚大な戦争の代償

南北戦争を通じて、北部側では36万４５１１人が亡くなり、28万１８８１人が負傷、死傷者総数は64万６３９２人に上った。南部側の死亡者は26万人、負傷者は20万人、死傷者総数は46万人だった。南北合わせて62万４０００人超が亡くなった計算になる。これは、２回の世界大戦、朝鮮戦争、ベトナム戦争の４つの戦争で亡くなった米国側の死者の総数61万６７０９人を上回るものだ。しかも、南北戦争においては、南部の市民約10万人が犠牲になっている。死因は主に、ウィリアム・シャーマン〔アメリカ合衆国の軍人。南部で焦土作戦を実施した〕による大規模な破壊行為が引き起こした飢餓によるものだった。当時、米国全体の人口は３１００万人だったので、50人に１人が亡くなり、64人に１人が負傷したことになる。

ウォーレン・コーエン編著の『ケンブリッジ米国対外関係史』には次のような記述があ

る。

「この戦争は１８６５年春まで続いたが、米国の歴史上これまでで最も残酷な戦争であった。その残酷性は、ワーテルローの戦いから１９１４年の間のすべての欧州における戦争を優に超えるものだ」（ウォーレン・コーエン編著『ケンブリッジ米国対外関係史』中国語版、上巻、２２４頁、新華出版社、２００４年5月、第1版）。

「米国統一戦争」の重い代償は、国家の大統領が烈士となり、国務長官が負傷者となった点にも表れている。１８６５年4月14日、南部連合が投降した5日後、北部を指揮したエイブラハム・リンカーン大統領が暗殺された。その日の夜、リンカーンは南北戦争の勝利を祝う晩餐会に出席し、フォード劇場で『われらのアメリカのいとこ』を観劇していたが、途中、ブースに身を潜めていた役者のジョン・ウィルクス・ブースに撃たれ、翌日死亡した。同日夜、国務長官のウィリアム・スワードもブースの同志だったルイス・パウエルにベッドの上で刺された。傷口はそれほど深くなく、死は免れた（張暑著『米国二大政党制発展史』２８８頁、河北教育出版社、２００３年2月、第1版）。

「米国統一戦争」を総括すると、米国史上にとって非常に重要かつ困難なものだったといえる。米国の政策決定者はこのような戦争の領導に果敢に挑み、いっさいの代償を惜しまず、この戦争に打ち勝ったのだ。まさに、国家の統一は何よりも尊く、何としても分裂に反対するという原則を体現したのだ。

## 3　リンカーンの覚醒——米国の特色ある「一国二制度」の放棄

「米国統一戦争」を通じて、政治的優位の構築は、北部が戦略的主導権を握るうえでカギとなった。そして、北部が政治的に優勢となった主な要因は２つあった。１つが国家分裂への反対、もう１つが奴隷制の廃止である。

### ①反分裂と反奴隷制という2つの旗を掲げ、道義的優位をつくり出した

『ケンブリッジ米国対外関係史』には次のように綴られている。

「リンカーンが連邦を守り、奴隷制を廃止しないと強調したとき、多くの英国人は『両地域間の闘争にはいかなる原則も道徳的な目標もない。一方は帝国のため、もう一方は権勢のためだ』と考えた」（ウォーレン・コーエン編著『ケンブリッジ米国対外関係史』中国語版、上巻、２２５頁、新華出版社、２００４年5月、第1版）。

しかし、こうした世論の風向きは、リンカーンによる「奴隷解放宣言」発表後、根本的

に変わった。

1863年1月1日、連邦政府は「宣言」を正式に発表し、欧州国家の広範な市民や進歩的な民主派勢力からの同情と支持を集めるようになり、連邦政府をめぐる国際環境は大きく好転した。

米国南部駐在のフランス外交代表は「皇帝と側近の臣下以外、すべての知識人、科学者、社会の有力者は団結して、我々に反対してくる」と嘆いた。英国では福音派プロテスタント教会、急進派、労働者階級を中心に、連邦政府側への支持の声が高まった。ロンドン、ロチェスターなど、多くの都市で連邦に声援を送る市民大会が続々と行われ、「時の内閣も奴隷勢力に援助や慰めの言葉を送らざるを得ないほどであった」（王繩祖編『国際関係史』第2巻、359頁、世界知識出版社、1995年11月、第1版）。

米国で内戦が勃発後、北部は奴隷解放の旗印をなかなか挙げようとしなかった。そのことが、みずからの政治的優位を著しく制約し、軍事的勝利のプロセスを遅らせた。

4年に及んだ南北戦争は、1861年4月～1862年9月の第1段階と、1862年9月～1865年4月の第2段階に分けることができる。第1段階において、北部が守勢となって攻め込まれた主な原因は、リンカーンの、憲法の範囲内で戦闘を展開するという、限定的な戦争目的論とそれに基づく保守的な戦略的指導にあった。内戦の前期、リンカーンは「この闘争の最終目標は連邦を救うことだ」と何度も声明を出した（サミュエル・モリソン等著『アメリカ合衆国の成長』上巻、807頁、天津人民出版社、1980年版）。

リンカーンは国家統一を回復することを戦争の唯一の目的とし、戦争の勝敗と国家としての未来の運命を決定づける奴隷制という根本的問題には触れようとはしなかった。リンカーンは1862年8月の公開書簡で次のように表明した。

「この闘争における私の最終目標は連邦を救うことであり、奴隷制を維持や廃止することではない。1人の奴隷も解放せずに連邦を救うことができるとすれば、喜んでそうするだろう。連邦を救うためにはすべての奴隷を解放する必要があるのだとすれば、喜んでそうするだろう。連邦を救うために一部の奴隷を解放し、一部を保留する必要があるとしても、喜んでそうするだろう」（張暑著『米国二大政党制発展史』251頁、河北教育出版社、2003年2月、第1版）

「宣言」発表の1カ月前まで、リンカーンはみずからが指導するこの戦争の唯一の目標として「過去の連邦の回復」だけを掲げていた。奴隷を解放するか否かについては、副次的な要素として捉えていた。「米国統一戦争」が、その前期において守勢に陥った根本的な原因が、政治的優位の獲得が不十分だったことにあるのは明らかだ。

## ②「一国二制度」を廃止し、米国の「制度的統一」を実現

南北戦争前の米国は、実質上「一国二制度」の状態と言えた。北部諸州が実施していたのは工業資本主義制度で、南部諸州が実施していたのは奴隷制に基づいた経済制度だったからだ。南部連合は、奴隷制を守るために国家の分裂を進めた。米国は内戦を通じて、分裂勢力を駆逐しつつ、奴隷制の廃止を同時進行で解決しようとしたのだ。

リンカーンの過ちは、米国分裂勢力の本質に関する認識が十分とは言えず、南部の奴隷制を継続する形で分裂勢力に譲歩することで、国家統一を有利に運べると考えた点にあった。南部連合が武力によって国家を分裂させようとする政治的本質と、奴隷制を堅持するという二つの現実をしっかりと理解していなかった。南部連合は連邦を分裂させることで奴隷制を存続しようとした。南部連合が発表した宣言は、各奴隷州は共同で「奴隷制共和国」を組織することを呼びかけている。南部は奴隷制大国を建設する上で、奴隷制の保護と拡大をみずからの憲法に書き入れる意思を公表した。

このような状況下で、「北部資本主義制度」と「南部奴隷制度」という「一国二制度」

の基礎の上で、米国の国家統一が再び試みられることは事実上不可能となった。米国にとって、「一国二制度」の基礎の上で、分裂問題を解決して「平和的統一」を実現することはできなかったのだ。連邦を救うことができるかどうかは、戦争に勝てるかどうかにかかっていた。奴隷制は、南部という「綿花大国」の根幹であり生命線といえた。この制度がなくなれば、南部が北部と持久戦を戦う経済的基礎を失うのは明白だった。奴隷は南部の労働力から北部の戦闘力へと転化し、しかも奴隷制を消滅させることによって国際社会からの支持と同情を勝ち取ることもできるはずだった。

　１８６２年９月、リンカーンは戦局が絶体絶命の苦境に陥るなか、ようやく「奴隷制を廃止して、国家は初めて生存が可能となる」という認識を持つに至った（サミュエル・モリソン等著『アメリカ合衆国の成長』上巻、８６７頁、天津人民出版社、１９８０年版）。

　そこで、リンカーンは閣僚らの反対を押し切って、「奴隷解放宣言」を発表した。黒人を武装化する政策を実行し、１８６３年１月１日、合衆国に反逆するすべての州や地域に対して、すべての奴隷に永遠の自由を与えることを宣言した。こうして、米国の内戦において、北部が分裂勢力を打倒する統一戦争と、奴隷制を廃止する「革命戦争」とを結びつけたことで、反分裂と反奴隷制という二重の政治的本質で優位になることができたのだ。

リンカーンは解放宣言を、連邦を救うために絶対に必要な「軍事的措置」とした。社会革命の措置にまではしなかったものの、戦争に勝利する上で重大な役割を果たしたのは間違いない。カール・マルクスは、リンカーンの解放宣言を「米国史上、最も重要な文書」と評価し、「米国史と人類史において、リンカーンはワシントンと同列に位置づけられるべき」と主張している（『マルクス・エンゲルス全集』第15巻、586頁、人民出版社、1965年度版）。

将来的に発生し得る「中国統一戦争」は、反分裂と反干渉の正義の戦争になる。いかにして圧倒的に政治的に優位な立場になれるかどうかが、1つの重要な課題となる。

## 4　米国政府の知恵——覇権国家、英国の大陰謀を撃破

コーエン編著『ケンブリッジ米国対外関係史』は次のように綴っている。

「米国内戦中、仮に欧州各国が多くの可能な方法で南部に手を差し伸べたのであれば、結果はまったく異なったものになっただろう。まさに打ち負かされた南部連合大統領のジェファーソン・デーヴィスが言ったように。南部政府はあらゆる方法で外国による干渉を勝ち取ろうとしたが、リンカーン政府も同様に努力を重ね、干渉を成功裏に阻止した」（ウ

ォーレン・コーエン編著『ケンブリッジ米国対外関係史』中国語版、上巻、２２４頁、新華出版社、２００４年5月、第1版）。北部は、外部勢力による干渉を成功裏に阻止したという点で、強靱性と柔軟性を交えた数多くの有効な方法を用いた。

## ①柔軟な「頭脳外交」が大英帝国による出兵と干渉を防いだ

北部が二つの外交的危機を回避し、緩和した経緯は特筆に値する。

米国内戦期、英国は欧州国家の中で対米関係を取りしきる役割を担っていた。米国北部の外交政策の最重要任務は、英国が南部連合を正式に承認して直接干渉する事態を防ぎ、有利な国際環境を勝ちとり、内戦の最終的勝利を保証することだった。内戦勃発後、米国政府は南部連合を造反者とみなし、中央政府が地方の武装勢力による叛乱を抑えることの正当性を訴え、欧州国家による干渉の排除を試みた。

１８６１年5月3日、英国の外務大臣ジョン・ラッセルは初めて非公式に南部連合の外交代表と会見した。続いて、リンカーン政府が新たに任命した駐英国公使チャールズ・フランシス・アダムズがロンドンに赴任する前日の同13日には、英国は米国内戦中は中立政策をとって南部連合を交戦国として承認する、と宣言した。英国の行為は米政界の怒りを買った。アダムズの秘書で息子のヘンリー・アダムズは、米国には英国との外交関係を断絶する十分な理由があると考えていた。米国務長官ウィリアム・スワードの反応や態度は強硬だった。同21日、スワードは英国にいるアダムズ公使に送るための外交文書を起草した。そこには、「仮に英国が南部の独立を承認した場合、米国は英国に宣戦布告する」と明記されていた。ところが、リンカーンは、最も好戦的な文字を削除した上で、この文書をアダムズだけに送ることにこだわり、ラッセルには提出しなかった。ヘンリー・アダムズはこの文書を読んで驚愕した。

「この文書の論調がとても傲慢だったことに、この上なく驚いたのだ。我々の政府は欧州全体と戦争することに少しも疑問を抱かなくなるほどだった」

先見の明に富むチャールズ・アダムズはこの文書をラッセルに提出しなかった。それを静かに棚の上に置き、外交的危機を回避したのである（王縄祖編『国際関係史』第2巻、３５５～３５６頁、世界知識出版社、１９９５年11月、第1版参照）。

一貫して強硬方針を貫きながらも、個別の案件には柔軟に対処することは時には必要なのだ。

米国の内戦期におけるトレント号事件への対応が、譲歩と妥協が際立った例だろう。南北戦争期、南軍は軍事的主導権を握り、北軍は断続的にダメージを負うことになった。１８６１年７月、南軍はマナサスの戦いにおいて大勝利を収め、英国の南部への同情と支持を得ることができた。英国が南部独立を承認し、干渉を実行する危険性は日増しに高まった。

北部連邦にとってこのような不利なタイミングで、トレント号事件は起きた。米国と英国の関係に重大な危機をもたらしたのである。南部連合はみずからに有利な情勢を利用し、外交政策を展開すべく試みた。１８６１年８月にはジェームズ・メイソンを駐英国特使に、ジョン・スライデルを駐フランス特使にそれぞれ任命。南部の独立承認のほか、武器や弾薬などの軍用物資の支援を得ようとした。

同10月11日、メイソンとスライデルは南部連合大統領が英仏両首脳宛てにしたためた書簡を携え、チャールストン港から快速蒸気船「ＣＳＳナシュビル」に乗り、海上封鎖のラインを秘密裏に突破し、ハバナに向かった。安全のため、彼らは翌11月７日にハバナで英国クルーズ船「トレント」号に乗り換え、デンマーク領西インド諸島にある中立港セントトーマスへ向かい、そこで英国船に乗り換えロンドンへと向かうつもりだった。しかし、彼らの行動計画は西インド諸島付近で警戒にあたっていた米戦艦「サンジャシント」号の艦長チャールズ・ウィルクスの知るところとなった。ウィルクスは政府に伺いを立てずに、11月8日にトレント号を捜索し、メイソンとスライデルらを拘束し、ボストンで監禁した。こうしたウィルクスの行動は、北部の政界から称賛を得た。

だが、この事件は英国の怒りを招いた。英国の内閣は何度も緊急閣議を招集し、米国政府に最後通牒を送った。米戦艦サンジャシント号における暴力行為は中立国、英国の権利を侵犯するものであり、英国旗を侮辱し、国際法を破るものだと責めた上で、南部外交代表の釈放のほか、賠償金の支払いと公式の謝罪を7日以内に要求。北部側が従わなければ、駐米英国大使館を閉鎖すると通告した。同時に英国政府は戦争の準備も進め、８０００人の海軍艦隊が、軍用物資を満載してカナダへ向かった。ロンドン駐在の米国外交官は、ある英国外交官によるリークに基づいて本国に報告した。「英国政府の目的は我々と戦うことだ。しかも、パーマストン子爵は我々が何も準備ができていない状況下で開戦することを望んでいる」

フランス、オーストリア、プロイセンなどの駐ワシントン外交官も同時にサンジャシント号における暴力行為は中立法に違反するものとして、米国政府に釈放を要求した。フランスの駐米公使は米国政府が英国の要求の承認と戦争のどちらかを選ぶように迫っており、一触即発の情勢となった。北部の市民は、英国による圧力に対して憤慨し、戦争によって応えるべきだと政府に求めた。政府内でも少なくない高官らが開戦を主張した。北部が英国からの最後通牒を拒絶した場合、国内外の２つの戦争を同時に戦わなければならず、二正面から攻撃を受けることとなり、しかも国際的にさらに孤立するのは明らかだった。内戦に負けるだけではなく、共和国が滅亡する危険性すらあった。

　こうした状況において、リンカーン大統領は、さまざまな雑音を排し、みずからの意見を貫いた。内閣を説得し、英国の要求を受け入れ、メイソンとスライデルらを釈放した。こうして米国と英国の間で起こった外交的危機は収束した（王繩祖編『国際関係史』第２巻、３５６～３５８頁、１９９５年11月、世界知識出版社、第1版参照）。

　トレント号事件を解決したことで、英国が南部の独立を正式に承認し、米国の内戦に直接干渉する機会と口実を失わせることに成功したのである。

### ②揺るがない道理としての戦場での勝利

　欧州国家による干渉を抑止する上で、最も重要だったのは軍事的勝利だった。北部の軍事的勝利こそが英国による干渉を打ち破ったのである。

1862年8月、北軍は第2次マナサスの戦いで再び深刻な失敗をした。この北軍の敗北について、英国政府は内戦を終結させる絶好のチャンスとみた。同9月、英国のパーマストン首相は外務大臣ラッセルに宛てた書簡で、英国とフランスの両国が、米国に対して南部を国家として承認することを前提とした共同調停を持ちかけた。ところが、連邦軍はアンティータムの戦いで勝利を収め、南軍司令官のロバート・リーは退陣を強いられた。英国による南部承認と停戦の計画はこれによって打ち砕かれた（王縄祖編『国際関係史』第2巻、359頁、世界知識出版社、1995年11月、第1版）。

1863年7月、米国内戦の戦局に根本的な変化が生じた。連邦軍は東部戦線のゲティスバーグの戦いと西部戦線のヴィックスバーグの戦いで劇的な勝利を収めた。この2つの重大な戦役において、捕虜を含め、南軍は6～7万人の兵士の命を失った。これによって、戦場の軍事主導権は連邦軍の手にわたることになった。

戦場での重大な勝利は外交政策にも強大な後ろ盾となった。1863年9月5日、米国駐英国公使チャールズ・アダムズは国務長官のウィリアム・スワードの指示に基づき、リバプールにあるライアード造船所が南部連合のために建造した2隻の装甲艦が港を離れるのを禁止するよう英国のラッセル外務大臣に強く要求した。英国は南部に有利な形勢が過去のものになった事態を見て、南部承認と米国内戦への干渉の計画を放棄せざるを得なくなった。と同時に、南部に対して渡そうとしていた2隻の装甲艦を抑留した。重大な打撃を受けた南部連合は憤って駐ロンドン外交代表を召喚し、それからまもなく英国駐南部外交機関を閉鎖し、しかも英国の外交代表を強制送還した。これによって、米国南部連合と英国の外交関係は完全に決裂した。英国による南部承認と米国内戦干渉の計画も終わりを告げた。これは内戦期における米国外交戦線の重大な勝利であり、内戦の最終的勝利を保証する上でも重大な作用をもたらしたのである（王縄祖編『国際関係史』第2巻、３５９〜３６０頁、世界知識出版社、１９９５年11月、第1版）

　コーエン編著『ケンブリッジ米国対外関係史』は次のように綴っている。

「ワシントンとリッチモンド〔南部連合の首都〕にとっては、英国の政策は他のどの列強の政策よりも重要だった。ナポレオン三世は北部が嫌いだった。彼は、フランスの紡績業が困難に陥っているにもかかわらず何も策を打っていないと批判されること、フランス紡績業が米国南部から輸入される綿花を失って、機能不全に陥ることを恐れた。戦争の大部分の時間において、ナポレオン三世はあらゆる策を施し、南部連合が利益を得るように仕組んだ。しかし、１８６３年に連邦がゲティスバーグで勝って以降、挑発的行動を収めた。

その結果として、南部連合は6隻の軍艦をフランス政府に注文していたにもかかわらず、最終的には1隻しか渡されなかった。しかも、南部連合が投降して30日も経ってからようやく到着した」（ウォーレン・コーエン編著『ケンブリッジ米国対外関係史』中国語版、上巻、224頁、新華出版社、2004年5月、第1版）。

## 5 生まれ変わった新生米国――4年の内戦と3大成果

「米国統一戦争」は新しい米国を創出した。計り知れない代償を払ったが、それによって米国は生まれ変わったのだ。この戦争の戦略的価値は主に3つある。

### ①「祖国に忠誠を誓い、永遠に分裂しない」という価値観の形成

「米国の内戦は、米国に前代未聞の産物をもたらした。それは『国家観』だ。連邦は救われたのではない。復活したのだ」

こう語ったのは、米国大統領ウッドロー・ウィルソンだ。この「国家観」とは、血液に染みわたる「愛国観」であり、国家に対する堅固なアイデンティティーであり、分裂勢力を絶対に容認しない「原則観」なのだ。

米国は建国からまもなくして、みずからの愛国主義思想を形成し始めた。「統一戦争」はそれを新たな段階へと押し上げたのだ。南北戦争の記念碑にはこのような言葉が刻まれている。

「4年を要したこの戦争で、62万人が亡くなった。この62万の命の代償に、統一という成果を得たことを記憶しておくために、米国すべての国民の誓いの言葉には、『祖国に忠実に、永遠に分裂しない』という文言が、自由や公正よりも前に記されている。国民の誓いの言葉は米国人のソフトパワーを結束させている。米国人は『祖国に忠実に、永遠に分裂しない』ことをすべての国民にとっての政治信念と根本理念として据えている。米国の団結と統一に長期的かつ持久的な精神的支柱をもたらしているのである」

コーエン編著の『ケンブリッジ米国対外関係史』は次のように綴っている。

「内戦は米国の国家としての団結問題を解決した。派閥間の矛盾や対立は依然として存在するし、人種間の亀裂も残っている。だが国家の政治的な団結はもはや脅威には晒されないだろう。このことが、米国の外交にもたらしている成果は言うまでもなく、政府は対外政策に集中できるようになった。対外政策が国内の結束にもたらす直接的な影響について心配する必要がなくなった」（ウォーレン・コーエン編著『ケンブリッジ米国対外関係史』中

国語版、下巻、9頁、新華出版社、2004年5月、第1版）

## ②国家としての戦略的地位の大幅向上を実現

1865年以降の米国史において重要なテーマは、この国が世界大国に発展していけるかどうか、すなわち4大軍事大国と最大の経済大国になれるか否かだった。南北戦争後、奴隷制の廃止と太平洋地域の開発によって、米国の資本主義経済と対外貿易は急速に発展し、世界市場に対する需要も高まった。総合的な国力が増強したため、米国の世界に対する戦略的視野も広がり、外交的局面と対外政策には新たな特徴が表れた。

1867年6月、スワード国務長官はボストンで演説した際、次のように語った。

「私は、他国が武力によって米国に侵攻してくるとは思わない。私にあと50年、40年、いや30年でいいから生きさせてほしい。私はあなた方に米州大陸全体を享受させ、世界を支配してみせる」（王繩祖編『国際関係史』第2巻、371頁、世界知識出版社、1995年11月、第1版）

## ③米国史発展の新時代を開拓

南北戦争によって62万の米国人（軍人、市民含む）が死亡した。これによって、それまでとは異なる米国が出現したのだ。中央集権制から地方分権制へと移行し、農民を主体とする農業理想モデルから巨大な鉄鋼会社を中心とする工業国へと生まれ変わった。そして、１８９９年～１９００年、それまでのモンロー主義を捨て、門戸開放政策に舵を切った。つまり、米国人は海上における領土拡張を遂行し、アジアとアフリカの一部地域で帝国主義政策の推進に取りかかったのだ（ウォーレン・コーエン編著『ケンブリッジ米国対外関係史』中国語版、上巻、２６３頁、新華出版社、２００４年5月、第1版）。

１８６５年～１９１３年は、「米国の世紀」の到来を予告していた。米国は内戦後、第２次産業革命を急速に推進した。内戦における勝利によって、米国は大国間の戦略的競争という時代の潮流と軌道に乗ったと言えよう。

## 6　中国統一史――「戦争による統一」が常道で「平和的統一」は稀有

中華民族の偉大なる復興を実現するためには、中国は国家を統一しなければならない。21世紀、中国が台湾問題を解決し、「統一の夢」を実現することは、民族復興の重要な指標であると共に後ろ盾にもなる。民族復興には国家統一が不可欠で、国家統一をして初めて民族復興が実現するのだ。中国統一の大事業を完成させるには、「武力統一」か「平和的統一」の二択しかない。中国統一史において、「戦争による統一」こそが一般的で、「平和的統一」はほとんどなかった。我々は「平和的統一」を勝ちとるべく努力はするが、「武力統一」に向けた決意と能力、準備を必ずしなければならない。

## ①統一は銃口から生まれる——中国古代史における10回の統一戦争

２０００年以上におよぶ中国史は、まさに「戦争統一史」だったと言ってもいいだろう。中国古代史は分裂から統一への過程を何度も繰り返し、いずれも武力によって分裂状態を解消し、統一を実現させてきた。「統一は銃口から生まれた」ものだと言える。

中国古代史には10回の統一戦争があった。

第１回　紀元前２３０年～２２１年、秦の始皇帝が6カ国を統一した戦い
第２回　紀元前２０６年～２０２年、西漢初年の統一戦争
第３回　２３年～３６年、東漢の統一戦争
第４回　２６３年～２８０年、西晋の統一戦争
第５回　５８１年～５８９年、隋の統一戦争

第６回　６１８年～６２４年、唐の統一戦争
第７回　９６２年～９７９年、北宋の統一戦争
第８回　１２１１年～１２７９年、元の統一戦争
第９回　１３６８年～１３８９年、明の統一戦争
第10回　１６４４年～１６８４年、清の統一戦争（鄭成功による台湾占拠、施琅による台湾占拠という2度の台湾海峡における戦いを含む）

20世紀の国際社会において、平和的統一を実現した例として、東西ドイツの統一は異例だった。中国は平和的統一の方式で香港とマカオの円満な返還を実現し、１つの成功例となった。中国が21世紀において、「平和的統一」「一国二制度」の方式で台湾問題を解決するというのは、20世紀ドイツの「平和的統一」「一国一制度」と比較して、文明的で先進的だが、オペレーションはより難しい。中国史と世界史に一つの政治的奇跡を創造しようとしているのだ。

新時代に入り、中国は「平和的統一」の歩みを加速させつつ、「武力的統一」に向けた準備も強化している。我々の理想は「平和的統一」であり、ボトムラインは「武力的統一」なのだ。

## ②大規模作戦――台湾独立を粉砕し、中国を統一する

新たに米国大統領に当選したリンカーンは、平和的手段によって南北の衝突を解決し、内戦と国家の分裂を回避すべく尽力した。大統領選後、リンカーンは、連邦政府が南部各州の奴隷制には干渉しないことのほか、憲法の規定に基づいて各州の権利と財産を守ることや、南部各州に対して国家を分裂させず内戦を引き起こさないことを望むと何度も公言した。1861年3月4日、リンカーンは大統領の就任演説で再度、連邦政府は南部の奴隷制に絶対に干渉しないことを約束した上で、南部が連邦政府に対して戦争を発動しないかぎり、政府が南部に侵攻することは絶対にないことも保障した。

にもかかわらず、南部はこれを重視せず、1861年3月3日、南部側で唯一、連邦政府が支配していたサムター要塞を包囲した。同4月12日に侵攻を開始し、14日には要塞は陥落した。これを機に米国で内戦が勃発した。翌日、リンカーン大統領は7・5万人の志願兵を集め、戦地に送った（王繩祖編『国際関係史』第2巻、350〜352頁、世界知識出版社、1995年11月、第1版）。リンカーンは米国統一のために、南北間の矛盾を平和的に解決しようと、「米国の特色ある一国二制度」を提示し、南部の奴隷制が存続するこ

とを容認した。しかし、南部はそれを踏みにじり、是が非でも「二国二制度」を実現しようとした。米国内戦において、他に方法がなくなった北部は、やむなく戦争に踏み切ったのだ。

近年、中華民族は分裂に反対し、国家統一を実現するという重要な課題に直面している。中華民族には「戦わずして人の兵を屈する」という優れた伝統がある。国家統一を実現するために、我々が追求する最高の境地は「不戦而統」（戦わずして統一する）、つまり「平和的統一」であり、これこそが中華民族の幸福と利益なのだ。しかしながら、「以武止独」（武力を以って独立を止める）「以武促統」（武力を以って統一を促進する）も同時に堅持しなければならない。「中国統一戦争」に打ち勝つための意思と能力を持つことも重要なのだ。それは、民族として他に方法がなくなった際の最後の手段となりうる。

台湾問題を最終的に解決する「中国統一戦争」は大規模な戦闘になることが必至だ。台湾内には70年以上にわたって蓄積されてきた軍事力があるうえ、米国と日本による軍事干渉もあり、さらに海を越えた戦いになるからだ。人民解放軍は「一つの国家、二つの政権」という分裂した状況が長期的に継続することを絶対に容認してはならず、いつでも大規模連合作戦を展開するための準備をしなければならない。

## 7　台湾問題の解決――新時代中国が必ず成し遂げるべき宿題

台湾問題を解決し、中国の統一を完全に実現する。これこそが、習近平新時代の歴史的使命かつ戦略的特徴であり、輝かしい功績になる。習近平新時代において、台湾海峡の対岸にいる台湾独立勢力は「独立熱狂症」を捨てなければならない。さもなければ、歴史的な懲罰を受けることになるだろう。さらに太平洋の対岸にいる覇権勢力〔米国を指す〕は、台湾を利用し、中国を封じ込めるという「米国式戦略病」を捨て、中国の国家主権と中国が持つ「国家統一権」を尊重するようにしなければならない。

## 8　統一は銃口から生まれる――台湾問題解決の前提は「平和的統一」でなく「武力的統一」

毛沢東の「政権は銃口から生まれる」という主張は、中国革命の実践によって、その真理がすでに証明されている。「平和は銃口から生まれる」こともまた、各国の政治家がよく理解している道理だろう。「統一は銃口から生まれる」というのも当然のことで、19世紀に4年間続いた米国の南北戦争もこの前提の下で実行された。

台湾独立勢力に「平和的幻想」を抱いてはならない。台湾島内の「台湾独立勢力」と、台湾島外の「台湾独立支持勢力」は、「平和」を振りかざしながら、「独立」を企んでいるのだ。彼らの最高の理想は「平和的独立」であり、そのための「武力による独立」を準備している。我々が「正義の剣」を彼らの喉仏に突きつけるように、「武力行使を通じて統一する」という意思と行動を明確に示さないかぎり、彼らは「台湾独立は死の道でしかない」という考えには至らないだろう。なぜなら彼らはそもそも、永遠に我々と「平和的統一」をする意思がないからだ。

「戦わずして敵兵を屈伏させる」という孫子の兵法こそが、最も魅力的な戦略的原則だと主張する人がいる。平和的統一を堅持する目的は「戦わずして敵兵に独立を諦めさせる」ことだ。だが、それには前提条件がある。「戦をすれば、敵兵を屈服させることができる」というものだ。戦争をする意思を持たず、戦えば必ず勝てる実力を持たないまま、ただ「戦わずして敵兵を屈服させる」幻想を抱くのは、「戦略幼稚病」〔戦略的見地から見て病的と言えるほど幼稚という意味〕だと言わざるを得ない。

## ９　対台湾開戦――中国が70年間行使していない権力

台湾への開戦は、戦闘の性質としては中国の「内戦」だ。中国大陸が台湾に行使する戦闘は、国家統一を実現するための自国の権力行使なのだ。それは「国権」であり、国家統一を実現するための能力であり、軍事力であり、国力でもある。

１９４９～１９５０年の新中国と人民解放軍は、台湾を攻撃・解放して、国家の統一を完成させる権力も軍事的に勝利を収める能力も持っていた。しかし、米国という要素が作用したことで、中国の「国家能力」が、この「国家権力」を行使することができなかった。米国が国際的に行使した覇権が、国家統一という国家主権を実現しようとする中国の試みを破壊してしまった。これは、70年以上にわたる米国による中国の国家主権への侵犯にほかならず、中国による「国家統一権」の行使を妨害した米国の悪行と言える。

習近平新時代になり、中国は台湾問題を徹底的に解決して国家統一を最終的に実現できる権力と、この国家権力を成功裏に使うことができる強大な国家能力を持てるようになった。これは中華民族の福音であり、台湾海峡両岸における中国人とその子孫にとっての幸福と利益にほかならない。

## 10　台湾問題の解決法——決断するのは米国ではなく中国

米国はある「理論」を世界中にプロパガンダとしてまき散らしている。それは、「中国と台湾は平和的に統一しなければならない。台湾問題は平和的に解決する以外に道はない。武力を行使してはならない」という理論だ。これは一見すると文明的で平和的だ。しかし、この理論は、中国の主権に対する最大の侵犯であり、台湾独立勢力への最大限の擁護にほかならない。台湾独立の世論と勢力を長期間かけて〝平和的〟に醸成し、拡大させることを可能にしてきた理論にほかならない。台湾当局は、米国による「平和的統一」という庇護の下、長期的に中国による武力的統一を阻止し、「平和的分裂」状態を維持してきた。このことは、中国が長期にわたり国家統一を成しえなかった背景でもある。これこそが「米国式原則」であり、台湾独立勢力が台湾島内で長期にわたり統一を拒み、安全に独立色を強め、「平和的独立」への動きを加速させてきたのだ。

国家がどのような方法で統一を実現するかは、その国の主権そのものに関わり、その国によって決定されるべきだ。にもかかわらず、この中国内政に関わる問題において、米国はみずからの原則を中国に押しつけている。米国は「軍事的手段ではなく、平和的手段で台湾問題を解決すべきだ。さもなければ、我々が軍事介入する」と主張している。このことは、中国がみずから台湾問題を解決するのではなく、米国が決めた原則やルールに基づいて決めろ、と言っているのに等しい。馬鹿げているにも程がある。

米国は70年にもわたって、中国の内政に干渉し、中国の統一を妨害するという悪しき前例を生み出した。これは世界史においても唯一無二の事例と言える。米国によるこの罪深い史実は、習近平新時代において必ずや終わらせることになるだろう。

## 11　対台湾戦闘の性質と名称――「中国統一戦争」

中国共産党による領導の下、人民解放軍はこれまで多くの偉大な戦争を戦ってきた。これらの戦争には、14年間に及んだ「抗日戦争」のほか、蔣介石を倒して新中国の建国につながった3年間の「解放戦争」、そして国家の安全と世界平和を守るための朝鮮戦争などが含まれる。21世紀、習近平新時代においては、中華民族は台湾独立による祖国分裂に反対し、米国による軍事的干渉を阻止するための「中国統一戦争」を戦って、勝利を収めなければならないのだ。

21世紀の対台湾戦争は、１９４９年の中国内戦の延長ともいえるが、70年間にわたって中断しているのも事実だ。世界情勢や両岸の政治情勢にも重大な変化が生じており、戦争の目的や性質にも大きな変化が現れている。習近平新時代で実行される対台湾戦争は、１９４９年に終結しなかった中国「内戦」の「延長戦」という性質に加えて、新たな時代的意義と国際的な戦略意義を含んでいる。

この戦争はもはや国民党と共産党の両政党が中国で天下を取り合う戦争ではなく、国家の分裂に終止符を打ち、中国の「大統一」を実現するための戦争なのだ。内では台湾独立勢力に、外では米国や日本などの干渉勢力に反抗するもので、「反分裂・反干渉」という２つの側面を持った戦争と言っていいだろう。これは「国家統一の夢」「民族復興の夢」を実現するための偉大なる闘争なのだ。この偉大なる戦争での完全勝利こそが、中国の国運だけでなく、地域における権力構造や世界の戦略的情勢にも深遠な影響を与えることになるだろう。

## 12　「中国統一戦争」＝21世紀版「中国の特色ある新型戦争」

### ①「米国内戦モデル」の超越

１８６０年代の米国内戦は、米国が経験してきたどの対外戦争よりも残忍で血みどろの争いだった。米国内戦では、北部が南部を徹底的に打ちのめし、４年間の戦争を通じて双方の死傷者は膨らみ、国が背負った代償も大きかった。21世紀の中国統一のための台湾戦争は、「米国内戦モデル」を回避しなければならない。つまり野蛮で陰惨な戦争ではなく、人類史のなかで前代未聞の「知能戦」「文明戦」そして「死者ゼロ」の戦い方でなければならない。この戦争は、「中国の特色ある新型戦争」と言え、世界戦争史上の奇跡を起こすもので、21世紀における知能戦争の新境地を切り開くものになるだろう。

### ②「上陸作戦モデル」の超越

古今東西、世界の戦史における上陸作戦は、多くの代償を伴うものだ。この伝統的な「上陸作戦モデル」は、自他共に損失が甚大だ。台湾問題を解決するための「中国統一戦争」は、このモデルに別れを告げる新型作戦となる。それは、「戦わずして敵兵を屈服させる」戦争ではなく、「巧みに戦うことで敵の戦意を喪失させる」「知恵をもって戦うことで敵の心を潰す」戦争なのだ。「人員に死傷なし」「財産の破壊なし」「社会に損害なし」という特徴を有する大勝利を目指すものだ。

### ③「人民解放軍の伝統的作戦モデル」の超越

台湾海峡をめぐる70年以上の分裂と対立を経て、両岸は「上陸―反上陸」という決戦を想定して、戦闘に向けた準備をしてきた。しかし、いまとなっては、台湾の軍隊は伝統的な反上陸作戦によって国家統一を防ぐという幻想を放棄しており、同時に人民解放軍も伝統的な上陸作戦という思考上の束縛から脱却しつつある。この認識の変化は、中国統一戦争が「死者ゼロ」で戦場の勝利をおさめ、国家統一を実現する新たなページを切り開くきっかけとなるだろう。

## 13　対台湾武力行使のタイミング——台湾独立勢力でも干渉勢力でもなく中国が決定

中国国内では長年、いかなる場合に台湾に武力行使をしなければならないかという世論が形成されてきた。そこには、台湾で深刻な内乱が発生した場合のほか、台湾が独立を宣言した場合や、平和的統一の可能性が完全に消失した場合などが含まれる。これらの状況が生じないかぎりは、武力行使すべきではないという主張だ。このような考え方や論理は、表向きには正しいが、限界もある。

台湾島内の独立・分裂勢力や域外国家の覇権干渉勢力は、動乱を起こしたり、分裂の危機を煽ったりすることで、台湾独立を推進する絶好の時機を常に模索している。そして我々が武力で独立を止めたり、戦争で独立に打撃を与えたりする上で、同勢力が独立を狙うタイミングが必ずしも絶好のタイミングとはかぎらない。我々はいかなる時でも台湾の独立や分裂に反対すべきだが、彼らにとって有利でかつ我々にとって不利なタイミングでは、武力行使をすべきではない。我々が武力行使をする上で、最も有利なタイミングを見計らって、開戦しなければならない。我々にとって情勢や時機が不利な状況下で、台湾独立勢力が横暴に振る舞い、誘発してきたとしても、武力行使をしてはならない。逆に言えば、台湾独立勢力が礼儀正しく振る舞っていたとしても、我々にとって情勢や時機が有利な状況ならば、我々は断固として武力行使すべきなのだ。

ただ、その際には深刻な問題が起こりうる。それは、中国の台湾への「武力行使権」の問題、つまり中国が台湾に武力行使をする正当性の問題である。台湾で深刻な危機が生じなければ、中国は台湾に武力行使すべきではなく、また武力行使の権利を持っていないという誤解や曲解をしてはならない。我々は平和的統一という「御経」を念じ続けるわけにはいかないし、台湾と中国の長期的な事実上の分裂や独立を永遠に容認し続けるわけにはいかないのだ。なぜなら、こうした考え方は、中国が国家を統一する手足を縛り、有利なタイミングで国家を統一する上での戦略的な主導権を失わせることにつながるからだ。台湾独立勢力がますます発展、膨張し、統一に抵抗して実現を遅らせることになる。

そもそも武力を使って分裂に反対して統一を実現するというのは国家の主権なのだ。台湾当局が独立を宣言すれば、中国が台湾に出兵して武力によって独立を食い止めるという行為には正当性がある。同時に、台湾当局が独立を宣言しなかった場合でも、中国にはいつでも出兵する権利がある。つまり武力によって統一を促進することにも正当性があるのだ。我々は、台湾島での「法理独立」（いわゆる「法的な独立（De jure independence）」、現状の「事実上の独立（De facto independence）」と区別される）の出現や、国家が長期的に分裂する状況も容認しない。国が統一せず、台湾が返還されない状況下で、人民解放軍は武力によって国家の分裂状態を終わらせ、国家を統一させる権利と正義を有している。

「不統・不独・不武」（統一しない、独立しない、武力を用いない）という方策は、統一と独立の間の中庸的な方策にみえるだろう。だが、これは実は国家を分裂させるための別の戦略なのだ。「台湾独立派」は中国を二つの国家に分断すべく、独立を急いでいる。「不統・不独派」は、中国を「一国二政府」「一国二政権」の分裂的状態に保つために統一を拒絶していると言えよう。この二つの勢力は共に、人民解放軍が台湾に武力行使をしないことを望んでいるが、習近平新時代においてはいずれも通用しない。「不統・不独」のやり方を取っても、中国による武力行使は避けられない。習近平新時代においての潮流と趨勢は、独立に反対し、統一を促進することだ。中国は、「平和的統一」という美しい旋律を奏でながら台湾をこれから数十年も好き勝手させるわけにはいかないのだ。

## 14　台湾統一に上陸作戦は必ずしも必要ないが、解放軍による上陸管轄・駐軍は必須

台湾を攻撃する方法として、人民解放軍の軍人が台湾島に上陸する必要は必ずしもない。しかし、死者を出さずに戦闘に勝利した後、解放軍は台湾島に上陸して、駐軍、管轄しなければならない。それこそが、戦争に勝利した結果を示す極めて重要な証拠となり、国家統一を実現した重要な指標となり、同時に台湾の社会の安定と民衆の安全を守る重要な措置にもなるからだ。20年間におよぶ香港、マカオにおける人民解放軍の駐軍による成功体験と貴重な経験は、台湾駐軍にもヒントとなるだろう。言うまでもなく、駐台湾解放軍部隊が請け負う任務や課題は、駐香港、駐マカオの部隊よりも難しく、複雑だろう。今日、世界における大国の軍隊のなかで、解放軍の国内での駐軍と、防衛上の任務は最も複雑なのだ。

平和的手段にしろ、武力によるにしろ、台湾問題をいずれの方法で解決しようとも、最終的には台湾の地は「一府一軍」、つまり「中華人民共和国台湾省政府」と「中国人民解

放軍台湾省駐軍」によって統治されなければならない。台湾の空には、中華人民共和国の「五星紅旗」と中国人民解放軍の「八一軍旗」の２本の旗がはためくことになる。こうして初めて、台湾が返還され、中国によって統一されたことが証明され、保障されることになるのだ。

## 15　併合後の台湾統治は「一国二制度」ではなく「一国一制度」

「平和的統一」「一国二制度」という方針はこれまで、台湾問題を平和的に解決して祖国統一を平和的に実現する良策だった。しかし、この方針を提示してから数十年が経ったにもかかわらず、台湾は平和的に中国に返還されていないだけでなく、台湾独立勢力はむしろ増長している。何度も与党の座に君臨し、台湾を支配し、「台湾島」を「独立島」へと推し進めようとしているのだ。

「平和的統一」「一国二制度」という方針やシステムが無効で失敗だったとまでは言わないが、その限界を露呈したことは否定できない。解決できた問題もあったが、課題も残った。どれだけ良い制度でも、時代の変遷に合わせて改善していかなければならない。確かに「一国二制度」は中国と香港・マカオの関係においては、しばらく続けられるだろうし、そうすべきかもしれない。これには議論の余地がある。一方、台湾統治の難しさは香港とマカオの比ではない。香港とマカオのモデルを運用したところで、台湾において有効な統治を実現するのは難しい。

とくに教訓としなければならないのが、「平和的統一」「一国二制度」によって、中国大陸における一部関係者に台湾問題を解決する上での「平和的幻想」を抱かせてしまい、台湾独立という幻想を打ち砕かず、独立勢力の肥大化を許してしまったことだ。

習近平国家主席は「人民解放軍は平和病を克服しなければならない」と主張してきた。習主席の思想を徹底するのであれば、我々は台湾問題を解決する上でも、平和病の蔓延を警戒すべきだ。米国を含めた域外勢力は長年、両岸を軍事的手段ではなく、平和的手段によって解決すべきだというルールを定めてきた。しだいに「平和的解決」とは米国によって定められた「台湾海峡ルール」と化した。中国がもし「平和的手段」を放棄すれば、それはこのルールに違反して挑戦したとみなされ、米国に軍事介入する道義的理由を与えることになるだろう。その結果、「中国統一戦争」は米国の道義的審判と軍事的阻止に見舞われてしまう。

香港とマカオが平和的に中国に返還された事実は、「平和的解決」「一国二制度」の優位性と正当性を証明した、という指摘もある。ただ、それは実は、強大な軍事的圧力の後ろ盾によって実現できたものだった。あくまで軍事力の成果であって、「平和的解決」「一国二制度」によるものではない。つまり、「平和という魅力」によってもたらされたのではなく、軍事力とその圧力によって実現したのだ。

台湾は「第二の香港・マカオ」ではない。香港とマカオで採用された「平和的解決」「一国二制度」のモデルを台湾に当てはめることは難しい。武力による台湾併合は、台湾問題を解決する上での基本的なベースであり、国家統一の実現に向けた基本戦略でもある。武力による台湾併合のためには、「中国統一戦争」を断固として戦わなければならない。この戦争は、「21世紀の新型戦争」という特殊な戦争であり、その最大の特徴は「死者ゼロ」「全面勝利」というものだ。

武力によって台湾を併合した後、台湾島では2種類の管轄方式が考えられる。一つは、香港とマカオのモデルを複製し、中国大陸と台湾で「一国二制度」を実行するやり方だ。もう一つが、中国大陸と台湾で「一国一制度」を実行する方法だ。

台湾の戦略的重要性を考えれば、中国が武力で台湾を取り返したとしても、台湾内で独立勢力と外国勢力は引き続き影響力を持ち続けるだろう。台湾の長期的な繁栄と安定を考え、台湾への包括的で有効な統治を目指して、併合後の問題を短期的に解決する方が適切だと判断するならば、併合後は「一国一制度」を採用すべきだろう。独立勢力が長年、台湾島内で実行してきた「脱中国化」の動きに対し、中国大陸は武力による併合後、台湾省内で全面的な「大陸化」を急速に推し進め、台湾独立の動きを徹底的に制圧すべきだ。精神的にも台湾を返還するために、国家や民族アイデンティティーの分野での教育を徹底し、一日も早く中華民族という大家族に忠誠心を持つ一員となるよう工作していくのだ。

台湾への統一戦線工作や国際的な宣伝工作において、「平和的統一」の方が、台湾返還の問題を解決していくうえで望ましいのかもしれない。しかし、国家統一を実現する根本的な戦略的思考と軍事的戦略においては、「平和的統一」への幻想は捨てるべきだ。武力による統一のための戦機を模索し、武力統一を断固として推し進めるべきだ。

習近平新時代において、中国の国家統治における優位性は歴史上ピークを迎えており、発展途上国のなかでは先頭を走っており、西側国家をも凌駕しつつある。今日、「一国二制度」における資本主義制度の効率性や公平性、求心力はすでに過去のものとなった。

中国大陸が中国の特色ある社会主義制度の下で実現してきた進歩と発展は、香港、マカオ、台湾が資本主義制度の下で実現してきた発展の能力と潜在力をもはるかに上回るようになった。武力によって併合した台湾島で「一国一制度」を実行することで、台湾は短期的には痛みに見舞われるだろうし、中国大陸もある程度の面倒な問題に直面するかもしれない。しかし、長期的に見て、「一国一制度」は、中国が「大統一」という国家統治を実践するのには有効だろう。台湾も中国大陸と融合するなかで進歩と発展を促進することができる。中国の模範的な海上の「島省」となるように台湾省を建設していくのだ。

## 16　『台湾独立処罰法』を制定し、台湾独立勢力を審判し、「脱台湾独立化」を

人民解放軍が武力で台湾を併合した後、中国共産党は法に基づいて、台湾独立勢力をコントロールし、排除していかなければならない。そのためには、全国人民代表大会常務委員会が「台湾独立処罰法」を制定、公布し、台湾独立勢力に刑罰を科すべきだ。主な対象となるのは、島内および海外に逃亡した台湾独立勢力の指導者ら主要人物だ。

台湾省政府が「台北裁判」を実施する上で、一部の代表的な台湾独立犯罪分子に対しては公開裁判とし、量刑を科していく。台湾独立犯罪分子を厳格に処罰することで、強い社会的インパクトをつくり出していくべきだ。

台湾社会では徹底した「脱台湾独立化」の宣伝教育を実行しなければならない。台湾で

長期間にわたって君臨してきた米国覇権主義と日本軍国主義による悪影響を排除するために必要だからだ。台湾独立にまつわる理念、思想、文化といったイデオロギーを全面的に批判し、清算するのだ。

# 第6章　イデオロギー戦で打ち勝つために

習近平国家主席は人民解放軍に「戦いに打ち勝つこと」を要求してきた。それは、「軍事闘争」の戦場だけではなく、「思想闘争」「文化闘争」の戦場でも相手を打ち破らなければならないことを意味している。思想文化の戦場とは、イデオロギー分野のことを指す。解放軍がイデオロギー戦線で直面している課題と試練は、強敵の空母やミサイルといった軍事力による威嚇と比べて小さいわけではない。解放軍は、敵対勢力が包括的に企んでいる「カラー革命」を通じた思想や文化的な侵攻に対し、果敢に戦いを挑み、確固とした闘争を繰り広げ、イデオロギー分野における防衛戦において主導権を奪い、全面的勝利を果たさなければならない。

## 1　西側の「報道の自由」に惑わされない

『解放軍報』は中国共産党中央軍事委員会の機関紙であり、軍事世論の主導権を持ち、党の思想によって全軍人を武装、団結させる軍主導のメディアだ。『解放軍報』の役割は、全軍人の思想にとって大切な政治的指導をすることである。習近平主席は2015年12月25日、解放軍報社を視察した際に次のように演説した。

「解放軍報は軍報と呼ぶが、本質的には党のメディアであり、党にとっての有力な武器であり、党の手中に置かれなければならない。この世界において超人的なメディアなどない。すべてのメディアはあらゆる手法でその階級性や政治性を表現している。この点において、我々の認識が曖昧ではいけない。西側のいわゆる『報道の自由』に惑わされてはならないのだ」

習主席は、西側の言う「報道の自由」を強く批判した上で、世界のあらゆるメディアの二面性を指摘した。それは、階級性と政治性である。これは昨今におけるメディアの本質を深く突くものだ。マルクス主義の報道観を樹立するためには、メディアの階級性と政治性を率先して学ばなければならない。西側は「報道の自由」の名目を使ってメディアの階級性と政治性を覆い隠そうとしている。これに対しては、党がメディアを管理する原則を実践していかなければならない。党がメディアを管理する原則を堅持し、政治家がメディアを運営するという要求を厳格に実施し、報道や宣伝の工作は常に党に忠誠を誓い、信頼できる人間の手中に収めなければならないのだ。

## 2　イデオロギーの「3大地帯」を全面占領する

解放軍はイデオロギーの戦場で全面的勝利を収めなければならない。習主席は前出の視察の際に次のように指摘している。

「近年、あらゆる敵対勢力が我が国で『カラー革命』を引き起こし、中国共産党による統治と社会主義制度を転覆させようと企んでいる。これは我が国の政権運営にとって現実的な脅威だ。敵対勢力が選んだ一つの突破口がイデオロギー分野であり、人々の思想を攪乱させて混乱に乗じて目的を果たし、勝利を得ようとしている。新たな情勢下において、イデオロギー分野の闘争は複雑で厳しい。イデオロギー分野での闘争において、我々には妥協と譲歩の余地はなく、全面的勝利を得るしかない。我々のイデオロギー分野には、『紅色地帯』（中国共産党のイデオロギーに賛同する勢力）、『灰色地帯』（中国共産党のイデオロギーに賛同する可能性がある勢力）、『黒色地帯』（中国共産党のイデオロギーに反対する勢力）があり、『紅色地帯』を確実に拡張し、『灰色地帯』を制御して転化し、『黒色地帯』を封じ込めることこそが我々の戦略的任務だ」

習主席による「3つの地帯」に関する分析は、イデオロギー分野で主導権を握るための戦略と戦術を確立したものと言える。

## 3　サイバー戦線——世論闘争の最前線

サイバー戦線はすでに、現代社会におけるイデオロギー闘争の最前線になっている。人民解放軍が思想戦場で相手に打ち勝とうとするのであれば、世論闘争の最前線に立ち、サイバー上のイデオロギー防衛戦に絶対に打ち勝たなければならない。習近平主席は２０１５年５月20日、ある会合で次のように指示を出した。

「イデオロギーにおけるサイバーセキュリティリスクの問題は非常に重要だ。サイバーはすでにイデオロギー闘争の最前線となっている。サイバー上のイデオロギー闘争で主導権を握ることは、国家の主権と政権を死守することにつながるのだ。各党委員会、党員幹部は、サイバー上のイデオロギーの安全を守ることを崇高で重要な使命と自覚し、制度と体制の優位性をしっかりと発揮し、攻撃と防御の双方をコントロールする手段を兼ね備え、あらゆる方面から行動を起こし、サイバー上のイデオロギー闘争に断固として打ち勝つのだ」

続く２０１５年11月24日、習主席は中央軍事委員会改革工作会議で行った談話でも次のように強調している。

「世論の誘導、とくにインターネット上の世論工作を重視して主導権を握り、政権にとってプラスになる情報を伝えていくことで、改革推進のために良好な世論環境をつくっていくのだ」

習主席は伝統メディアと新興メディアの融合的な発展に強い関心を寄せてきた。『解放軍報』のウェイボー（中国版ツイッター）のフォロワー数は2000万以上に達し、オフィシャルアカウントのサブスクリプションユーザー数は35万を超え、アプリダウンロード数は300万を超えている。

## 4 「文化冷戦」——米国が中国に企てる「カラー革命」の実態

軍事闘争においては、相手を知り、己を知ることで、初めて勝利を手にすることができる。イデオロギー闘争においても同じことが言える。米国は長期にわたって、中国に対して「カラー革命」を企て、「文化冷戦」を実行してきた。ある研究資料によれば、米国はすでに米国籍を取った華人を利用して、1000以上の中国「国学文化研究団体」を設立し、中国共産党と解放軍に関する大規模なネガティブキャンペーンを展開し、中国人民の党と政府への信頼に揺さぶりをかけている。英国のあるシンクタンクの研究によって、米国が中国に対して、「文化精神抹殺戦」を展開していることが明らかになっている。具体的には、数十年にわたって、ある種の文化冷戦を仕かけて中国共産党の執政に終止符を打ち、中国を6〜8に分割した上で、欧米によってコントロールされるように計画しているという。そのために、米国はプロの書き手を組織し、読みやすい文章やコメントを執筆、編集させ、米国資本が関係するインターネットのプラットフォームもしくは多くのフォロワーを抱えるインフルエンサーを使って、中国社会に普及させている。

これらは茶番ともいえる内容だが、実は人々や世論が知らず知らずのうちに感化される「文化冷戦」なのだ。米国が中国に対して永続的に仕かけている「文化冷戦」のやり方は多様だ。たとえば、国家や民族の誇りである中国の英雄や模範的人物を醜悪化し、泥を塗るやり方が典型的と言える。

習近平主席は２０１５年7月18日、ある解放軍の部隊から業務報告を受けた際、次のように指示を出している。

「現在、イデオロギー分野の闘争はより複雑になっている。国内外のあらゆる敵対勢力がさまざまな手法を使って我が軍に浸透・破壊工作を仕かけている。最近、インターネット上に我が党、我が軍の歴史を歪曲し、革命の烈士や英雄的人物に泥を塗る言論がしばしば出現している」

こう指摘した上で、習主席はあらゆる誤った思想を断固として封じ込め、思想の防衛線をしっかりと築き、政治的な免疫力を強化するよう、軍人たちに対して指示を出したのだ。

## 5 「論争しない」は通用せず――習近平式「闘争観」

イデオロギーという戦場で相手に打ち勝つ上で、「論争しない」というやり方は通用しない。是非の問題をめぐっては、論争し、闘争し、攻撃しなければならない。習近平国家主席は２０１６年12月に行われた中央政治局の重要会議において、次のように指摘している。

「イデオロギーの領域において、闘争が求められる問題が生じた場合、論争しないわけにはいかない。基本的な問題において誤った認識があれば、一言も論争をせずに回避しては絶対にならない。党中央の路線、方針、政策に公然と反対するような大問題については、闘争するのだ。批判だけではなく、状況に応じては粛清も必要で、党規律や組織に基づいた処理を下すことも考えられる。この点において、我々は曖昧な態度を取ってはならない。是非の問題について、中央政治局の同志たちは立場をしっかりと固め、態度を鮮明にし、果敢に攻防を繰り広げ、主導権を持って闘争に挑まなければならない。『自分には関係ない』という態度を取ることは許されない」

中国は富国強兵を通じて偉大なる復興を実現する「攻略期」に入っている。ピークを迎える上昇期にあり、「偉大なる闘争」を実行するための精神が、いま求められている。習主席は前出の政治局会議で、こうも指摘している。

「我々は歴史上、中華民族の偉大なる復興という目標の実現に最も近づいている。山登りのように、山頂に近づけば近づくほど、空気は薄くなり、山の傾斜もきつくなり、体力の消耗も激しくなる。この闘争で勝利するためには、いまこそ闘争の精神を奮い立たせなければならないのだ」

今日の世界において、平和と協力を追求するのと同時に、競争と闘争も繰り広げている中国は、複雑な周辺情勢、地域情勢、世界情勢に直面しており、浸透、転覆、破壊、挑発、封じ込め、包囲などの攻勢を受けているのが現状だ。米国は韓国に地上配備型迎撃システム「高高度防衛ミサイル（ＴＨＡＡＤ）」システムを配備し、南シナ海でも頻繁に挑発をしてくる。日本は東シナ海や釣魚島（尖閣諸島）で断続的に挑発をしてくる。蔡英文当局は「92コンセンサス」（「一つの中国」の原則について中国と台湾が１９９２年に確認したとされる共通認識）「一つの中国」を頑なに受け入れようとしない。香港では、一部の人物が祖国を侮辱し、「香港独立」を企てている。

新中国は長期間の革命闘争によって打ちたてられ、偉大なる闘争なくして今日まで続くことは不可能だった。偉大なる闘争をこれからも続けなければ、将来の勝利をつかみ取ることはできない。共産党員や軍人は、マルクス主義闘争観を打ち立て、闘争を回避する「和諧観」や無条件の「安定観」を克服していかなければならない。習近平主席は２０１6年12月の中央政治局重要会議において、次のように強調した。

「我々は当然、和諧や安定を重んじなければならない。ただそれは無条件ではない。絶対多数の和諧や安定は闘争のなかで勝ち取ってきたものなのだ。新中国建国以来、我々は一度も闘争をやめたことがない。そうでなければ、１９８９年の春と夏が交わる頃に起こった、あの政治波乱〔学生や市民が民主化を求めた『天安門事件』。中国では政治的タブーとなっているため、このような表記をする〕も乗り越えることはできなかっただろう」

マルクス主義の「闘争精神」は科学的精神と言える。習近平主席の戦略的思想によれば、闘争精神を強調するのは極左的な運動をすることを意味するわけではない。中国の特色ある社会主義の将来と命運にかかわる重要な問題で断固たる立場を取らなければならず、国家の主権や安全、発展の利益を守るなかで、敵対勢力と真正面に向き合い、あらゆる挑発を受けて立ち、反撃し、勝たなければならないのだ。困難を目の前にして降参したり、課題を前にして萎縮したり、原則を無視して妥協したり、中華民族の根本的利益に損害をもたらしたりしてはならない。闘争のなかで、我々の目標と利益をつかみ取ること。それこそが、習主席が重んじるマルクス主義の闘争観なのだ。

# 第7章　新時代の中国が直面する8つの戦場

新中国は建国から現在に至るまで、世界の大国のなかで最も多く戦争に関わってきた国家の一つといえよう。人民解放軍は国家を防衛するため、「全方位戦争」を展開してきた。北東方面で朝鮮戦争、南西方面では中印国境における自衛のための反撃戦、北方の国境をめぐってはソ連軍と交戦、そして南方の国境ではベトナムを相手に自衛のための戦争をしてきた。全方位の戦闘でいずれも勝利を収めた。とくに朝鮮戦争においては、世界最強の米軍を相手に、解放軍は国威と軍威を発揚することができたのだ。

第19回中国共産党大会の政治報告は次のように指摘する。

「中国の地政学と戦略的環境は複雑で、異なる脅威と課題が存在する。これらを全方位で統合して、軍事闘争における準備を協調的に発展させる必要がある。

軍隊は戦争に備えなければならない。戦闘力の水準を維持し、戦いに勝つための準備に集中しなければならない。軍事闘争の準備を着実に進めるのだ」

では、新時代の中国はいくつの戦場でどれだけの戦争をしなければならないのか？

中国を主な競争相手に据える米国は、この問題について詳しい研究をしている。ランド研究所は、2016年に『中国との戦争――考えられないことを考え抜く』と題した報告書（以下「報告書」）を発表した。そのなかで、中米戦争を誘発する5つの「火薬庫」を挙げている。

新時代の解放軍は８つの戦場に備えなければならない。これらの戦場は、紛争が衝突になり、衝突が戦争になり、局地的戦争が大規模かつ長期的な戦争に発展する可能性がある。これらの戦場の背後にはいずれも米国の影があり、米国が干渉してくる。つまり、実質的にはすべて、米国との競争と闘争なのだ。

## １　東北戦場――「第２次朝鮮戦争」の勃発を防ぐ

中国東北地方が直面する最大の戦場は朝鮮半島だ。朝鮮半島は１つの「火薬庫」と言っていいだろう。戦争が勃発する確率は高く、関係国も多い。「報告書」は朝鮮半島が中米開戦の一大戦場になると指摘する。

中国東北地方で「第２次朝鮮戦争」は起こるのだろうか？

近代以来、西側国家は連合軍という方式で中国に３回侵攻している。
①１８５６～１８６０年の英仏連合軍による第２次アヘン戦争。
②１９００～１９０１年の８ヵ国連合軍による中国侵略戦争。
③１９５０～１９５３年における朝鮮戦争。中国人民解放軍の義勇軍は16ヵ国の連合軍

に対峙した。将来的に発生しうる第2次朝鮮戦争でも、米国は再び同盟国と連合軍を組むことになりそうだ。

朝鮮半島問題は「ダモクレスの剣」〔古代ギリシア神話にたとえ、常に身に迫る一触即発の危険な状態にあることを指す〕の状態と言える。米国が導火線を握っており、いつでも火がつけられる状態だ。米国、日本、韓国の軍事同盟が長期的に包囲、封鎖、浸透しており、朝鮮内部情勢において突発的な変化がいつでも生じうる。

米国の朝鮮問題をめぐる戦略は深い次元において、北東アジア全体に照準が向けられており、東アジア全体につながっている。米国は朝鮮半島問題を口実に、中国の台頭を封じ込める軍事的包囲を強めているのだ。朝鮮半島内でいったん政変や混乱が起きれば、かつての朝鮮戦争のように、中国の利益や東アジア情勢に深刻な影響が及ぶのは必至だ。その破壊力と影響力は、第2次世界大戦以降に起きたすべての局地的戦争をも超えるだろう。「第2次朝鮮戦争」は間違いなく、第1次朝鮮戦争の規模を超えるだろう。

解放軍はあらゆる突発事案に対応する準備をしておかなければならない。最も複雑で困難な局面を想定した上で、起こりうる危機的事案を徹底的に分析し、軍事行動の準備を綿密にしておくことが不可欠と言える。そのうえで、有事の際には迅速に対応し、中国の朝鮮半島における戦略的利益を損なわないようにすべきだ。

## 2　東シナ海戦場――米国は中国と日本による「東シナ海海戦」を精密に計画

ランド研究所の「報告書」は、東シナ海の状況について次のように記している。

「中国と日本は東シナ海で領有権をめぐって紛争状態にある。米国にとって、日本は最も重要な国家であり、日本との安保条約がこの海域に適用されると主張している。日本の軍事力は絶え間なく向上しており、中国と対立関係が続いている。中国は、在日米軍基地を攻撃する可能性が非常に高い」

この文言は、中国と日本が東シナ海で海洋や島嶼をめぐって開戦すれば、米国は日本と一緒に中国と戦う用意があることを意味している。そのうえで、「報告書」は続ける。

「東シナ海で紛争が起きた場合、米国が日本を軍事支援する意思を中国は過小評価するかもしれない。しかも、この海域では米中両国も係争を抱えている。中国が200カイリの排他的経済水域で主権を宣言したとしても、米国はあくまで公海だという見解を崩さない。双方が互いの主張を強めれば、両国軍は一触即発の状態に陥るだろう」

東シナ海において、日中間の領土紛争に加え、中国の管轄海域をめぐる米中間の見解の相違も、中国と開戦する理由になることを示している。米国は19世紀末にアジアに進出して以来、中国と日本を分離させ、対立させることで、アジアを分裂させて支配することを東アジア戦略としてきた。米国が北東アジアで中国と開戦するとしたら、必ずや日本と一緒に戦うことになるだろう。

中日両国は、釣魚島〔尖閣諸島〕の領有権問題などをめぐって、武力衝突する危険性を帯びているのだ。

米国が計画している「東シナ海海戦」は、実際は日米同盟によって中国の台頭を封じ込めるための戦争なのだ。これに対し、中国は東シナ海の主権を守るための戦争をすることになるだろう。

## 3　台湾海峡戦場——十分な「中国統一戦争」の準備を

新時代における台湾海峡をめぐる戦争は、3つの意思のせめぎ合いとなるだろう。①台湾独立勢力が武装して国家を分裂させる意思、②中国大陸が武力によって国家を統一する意思、③米国が武力によって中国統一に干渉する意思である。「中国統一戦争」とは、米国による干渉に対して中国が報復する戦争となるだろう。

新時代における中国の国家を統一する意思は極めて固い。２０１９年1月2日、習近平は『台湾同胞へ告ぐ書』の40周年記念式典で、このような演説をしている。
「我々は最大限の誠意と努力を尽くして、平和的統一という未来を勝ち取りたいと思っている。しかし、我々は武力行使を放棄せず、必要な措置をすべて取る選択肢を持ちうる。その対象は、外部勢力による干渉のほか、極めて少数の台湾独立分子とその分裂活動だ。中国のことは中国人で決める。台湾問題は中国の内政であり、中国の核心的利益と中国人民の国民感情に関わるものであり、いかなる外部からの干渉も容認しない」

これは、台湾独立分裂勢力と米国や日本など外部干渉勢力に対する厳しい警告と言える。

歴史を振り返ると、世界の大国は、分裂勢力を阻止して国家の統一を死守する際、平和的手段によって問題が解決しない場合は、武力行使をしてきた。先述した「米国統一戦争」が好例だろう。戦争を率いたリンカーンは米国の統一を死守した偉大なる大統領だ。今日、ワシントンD・Cで最も威厳のある政治的なモニュメントはリンカーン記念堂であり、米国国民はアメリカ合衆国の統一を守り抜いた偉大な大統領を永遠に記憶している証しと言える。

台湾問題を解決するために、我々は平和的理想を掲げなければならない一方、「平和的幻想」を抱いてはならない。台湾海峡の戦場に挑む際、我々が統一のための武力行使をする際には2つの前提条件がある。

国民党が「統一しない、独立しない、武力を用いない」という立場を変えることは難しい。民進党の「台湾独立」という立場も変わらない。米国が「台湾カード」を使って中国を封じ込めるという戦略も変わらない。２３００万人の台湾住民のなかで、中国籍を持つのは12%にすぎず、台湾本省の人口が88%に上る。「台湾独立事変」が一度起きれば、深刻な内乱だけではなく、外部勢力による軍事介入といった事態が起こりうる。

そうした場合、中国大陸は「中国統一戦争」によって国家統一を実現しなければならなくなるだろう。これに対して科学的な「台湾海峡戦場観」が必要となり、以下の4点が求められる。

**①自信**——祖国統一の実現に向けて、まず何より自信を持たなければならない。台湾の経済力は20年前は中国大陸の3分の1だったが、いまでは20分の1以下まで落ち込んでいる。20年前の台湾の軍事費は中国大陸と同水準だったが、現在は中国大陸が台湾の15倍以上となっている。中国大陸は、経済的、軍事的に絶対的に優位な状況なのだ。

**②文武観**——武力で台湾を降伏させることができて、初めて台湾を平和的に統一することができる。軍事的手段は台湾独立勢力を封じ込め、台湾問題を完全に解決するための最終手段なのだ。軍事闘争の準備が十分であればあるほど、台湾独立勢力はボトムラインを超えることができなくなり、両岸関係の平和的発展を確保できるようになるからだ。武力による統一という揺るがない決意と強大な能力を備えることこそが、平和的統一の実現につながるのだ。

**③時間表**——台湾問題の解決には、タイムテーブルとロードマップが必要だ。この点に関して、台湾独立分子と米国は、習近平政権が台湾問題を本気で解決することを十分に理解している。だからこそ、焦っており、恐怖を感じているのだ。

**④広い視野**——台湾問題を深遠に考え、対台湾軍事闘争を総合的に計画するためには、台湾海峡、東シナ海、南シナ海を一本のラインと見て、包囲網を構築することが重要だ。また、「統一の夢」「中国の夢」の実現を、「世界の夢」と統合させつつ、体系的に推進し

ていくことが不可欠だ。

国家統一を実現して初めて、民族の復興を実現できる。世界の覇権を有効的に封じ込めることができなければ、人類運命共同体という「世界の夢」を強力に推進していくことはできない。米国による覇権が横行するようでは、台湾問題はなかなか解決できない。だからこそ、台湾問題の解決と、米国による覇権的な干渉の封じ込め、米国による海上包囲網の突破、強大な中国の海上権力を結合させる必要がある。台湾が祖国に回帰する「統一の夢」、中華民族の偉大なる復興を実現させる「中国の夢」、そして人類運命共同体を構築するという「世界の夢」を結合させ、包括的に推進していくことが不可欠だ。

## 4　南シナ海戦場——「主権防衛戦」の正当性

南シナ海問題において、米国は公海における航行の自由を主張し、中国は南シナ海における領土的主張の実現を求めている。中国は南シナ海における海洋の主権を必ず死守して、「海洋強国」にならなければならない。南シナ海はいわば、海洋における軍事闘争の主戦場と言っていいだろう。南シナ海の島々は中国が海洋に進出して制海権を得るための前線基地となるのだ。南シナ海における我が国の島礁建設は歴史的な進展を遂げている。「小さな岩礁」を「大きな岩礁」へと変え、「大きな岩礁」を「基地」に様変わりさせ、そこに空港や港を建設した。こうした島礁は軍事的機能を兼ね備えており、南シナ海を支配すると共に、台湾海峡にも対応し、最終的には太平洋とインド洋に出ていくという総合的な計画に基づいている。これらは、中華民族が歴史的功績を打ち立てるのに不可欠なのだ。

南シナ海は中米両国にとって戦略上の戦場でもある。南シナ海情勢はしだいに複雑になっており、いつでも緊迫化する可能性がある。米国は南シナ海で軍事活動を常態化させており、軍艦や戦闘機を頻繁に中国の島礁付近に送り込んで、中国への圧力と威嚇を強めている。米国は南シナ海を、中国の発展を封じ込めるための戦略的攻防の場とみなしているからだ。日本は米国の手先になって、南シナ海の情勢を攪乱させることに全力を挙げている。ベトナムとフィリピンは、中国と全面的に対抗する意思はないものの、根本的な譲歩をすることも難しいと考えている。つまり、南シナ海における各国の戦略的な攻防は長期的かつ複雑なものになるだろう。解放軍は南シナ海において、即応能力だけでなく、持久戦への備えもしなければならない。南シナ海は、いつでも危機が起こりうる世界で最も危険な海域となっている。中国は南シナ海における紛争を平和的に解決する方針を維持しつつも、一戦を交える十分な準備はしておかなければならないのだ。

## 5　南西戦場――「第2次中印戦争」をどう回避するか？

インドが中国との戦略的競争を始めるきっかけとなったのは、ジャワーハルラール・ネルー元首相の戦略的野心だった。ネルーはインドが独立する前の１９４４年、自著で次のように訴えている。

「インドは直接的な太平洋国家ではないが、重要な影響力を発揮しなければならない。インドは、インド洋から中東にかけて経済と政治の活動の中心的役割を果たすようにならなければならない」

ネルーによる「インドの夢」は、インドをアジアの中心的国家にすることだった。ネルーは中国を競争相手とみなしており、対中友好の姿勢を示しつつ、チベットの分裂主義を支援してきた。だからこそ、人民解放軍がチベットに進入した際、ネルーはこれに反対し、中国に対して領土割譲を要求してきたのだ。これによって、２０００キロにわたる中印国境に12万平方キロメートルにおよぶ紛争地域が生まれ、いまだに未解決のままだ。

インドは国境紛争を利用して反中感情を煽ってきただけでなく、チベットにおける叛乱〔１９５６～１９５９年のチベット動乱。チベット族が中国政府の支配に反発した抗議運動〕

を公けに支持した。チベット上層部における反動分子が１９５９年3月、武装叛乱を展開した際、インドの指導者は即座に叛乱分子に「同情」を表明した。翌4月、ダライ・ラマがインドに脱出し、インドの政府機関は異例の厚遇をした。ネルーはダライ・ラマに会い、インド北部のダラムシャーラーでのチベット亡命政府の成立を許可したのだ。この時、インドの挑発に対する中国政府の反応は極めて自制的だった。なぜなら当時、朝鮮半島、台湾海峡、インドシナという3つの地域において、米国が中国に重大な脅威をもたらしていたからだ。中国の戦略的重点は東側にあり、西側には力を分散させたくなかった。

ネルーは一貫して中国との国境問題を平和的に解決することを拒んだ。中印国境で武力衝突を挑発した後の１９５９年12月、米国のアイゼンハワー大統領は訪印し、支援の拡大を約束している。米国からインドへの支援は１９５９年から１９６３年の4年間で40億ドルにまで達し、それまでの倍以上となった。１９５９年以降、ソ連は中国との関係悪化を受け、対中牽制のためインドへの経済援助を拡大し、軍事支援もした。

第1次中印国境戦争では、中印双方で3万人以上（後方支援部隊含まず）の兵士が参戦した。だが、中国政府は１９６２年11月21日、突如停戦を宣言し、１９５９年11月時点の実効支配のラインから20キロ以内まで部隊を撤退することを決めた。一連の戦いにおいて、中国軍の参戦した部隊は4師団に満たず、犠牲となったのは2400人余りだった。一方のインド軍は3万人の兵士が参戦したが、1万人近くが死傷または捕虜となり、敗北した。

近年、中印関係はある程度改善し、中国はインドにとって最大の貿易相手国となった。にもかかわらず、インド国内の政治家や軍高官のなかには、依然として中国を潜在的競争相手とみなす人物がおり、インド国内の反中感情を盛り上げ、国境地域での戦争の雰囲気を煽っている。2017年6月18日～8月28日、中印両軍はチベットのドクラム高地で2カ月以上対峙し、一触即発の状態となった。いまでは、一時的に平穏を保っているが、インドの戦略的な野心は膨張し続けている。

中国を封じ込めるために、米国は2つの国家を重視しているようだ。中国の北東にある日本と、南西に位置するインドだ。米国にとって最も理想的な状態とは、北東で日本が、南西でインドがそれぞれ中国と交戦することだ。日本との対立は主に海を隔てた攻防となる。インドとは、かつては陸上国境をめぐっての争いだったが、いまでは米国が中国を封じ込めるための「アジア・リバランス戦略」を「インド太平洋戦略」へと格上げしたことによって、陸上での紛争からインド洋にまで戦線が広がっている。これにともなってインド洋の戦略的地位が向上し、中国封じ込めにおけるインドの役割が増している。

## 6　北西戦場――チベット、ウイグルとの闘争は戦争になるか？

中国の北西戦場とは、チベット、新疆ウイグルの両自治区を指す。中国北西地域はユーラシア大陸の腹部にあり、中央アジア、南アジア、欧州の重要地域に通じており、歴代政権が防衛を強化してきた戦略的要衝だ。この地域におけるテロリズム、分裂主義、原理主義活動が、地域の安全と安定に深刻な影響を与えてきた。チベット、新疆ウイグル両自治区では、さまざまな浸透、転覆、テロ行為が活発に行われてきた。

19世紀末以来、チベットと新疆ウイグルは、英国の侵略と米国の干渉を受けてきた。英国は１８８８年と１９０４年の２度にわたり、チベット侵略戦争を発動して「チベット独立」を策動し、いわゆる「チベット問題」を創出した。新中国建国後は、米国が中国を包囲し、孤立させるため、この「チベット問題」を利用した。米国は１９５９年、チベットにおける反動的な上層部を支持し、国家に反旗を翻す武装蜂起を起こそうとしたが失敗。その後ダライ・ラマを支持することで、武装組織を再結成し、中国国境で長期にわたって武力攻撃を仕かけてきた。

米国はチベットを突破口にして、中国を牽制し、さらには崩壊に追い込もうとしている。

新中国の数世代にわたる指導者たちは深謀遠慮をめぐらせて、チベット問題で戦略的な主導権を握るべく動いてきた。解放戦争が終わってまもない頃、毛沢東は「チベットの人口は多くないが、国際的地位は極めて重要だ。我々はそこを占領して、人民民主制のチベットに改造していかなければならない」と強調した。解放軍は１９５０年1月からチベットに駐軍を開始し、翌１９５１年12月にはチベットを解放している。もしチベット解放の決断が少しでも遅れていたら、より難しい状況になっていただろう。

　チベット分裂勢力の野心は大きい。ダライ・ラマは１９９０年に自伝を出版し、そこに1枚の地図を掲載した。「チベットとその隣国」というタイトルがつけられており、チベット高原や新疆ウイグル南部といった地域までも「チベット国」の版図に組み入れている。さらに新疆の他地域を「東トルキスタン」と称し、東北地方を「満州」と呼び、台湾と内モンゴルも中国の領土から除外している。ダライ集団はチベットを分裂させるだけでなく、中国をいくつかの国家に分裂させようとしているのだ。

　ダライ集団は組織化のレベルが高く、大きな国際的影響力をもつ分裂主義政治集団と言える。ダライ集団は１９８０年代に入ると、それまでの「チベット独立」の立場から「中間路線」を提示するようになった。これは、１９５０年以前、チベットは独立国家であり、チベットは中国の領土ではなかった、という主張だ。代わりに「民主選挙」による「高度な自治」を実行し、チベット、四川、雲南、甘粛、青海のチベット族が多く住む地域を合併させて「チベット大自治区」を設立する、というものだった。その総面積は２４０万平方キロメートル余りで中国全土の４分の１に相当する。ダライ集団の言う「中間路線」とは段階的に「チベット独立」を実現するための政治綱領にすぎない。表面的には中国政府のチベット自治区と四川省チベット自治州に対する「主権」を認めているが、実際はダライ集団がこれらの地域の支配を奪取しようとするもので、最終的に「チベット独立」を実現しようという目論みにほかならない。

次に新疆ウイグル自治区の状況も見てみよう。

新疆はユーラシア大陸の中心部に位置し、我が国の北西地方における戦略的防衛の拠点としての役割を担ってきた。

今日、新疆は我が国が進めている西部大開発戦略にとっての重要拠点で、戦略的資源の重要な基地でもある。新疆社会は全体的に安定しているものの、テロ活動による脅威はエスカレートしている。「東トルキスタン」分裂勢力はテロ活動を展開しており、その目的は民族の恨みを煽り、社会の動乱を巻き起こし、国家を分裂させることなのだ。テロ活動の武装化と専門化は絶え間なく向上している。

こうしたテロ勢力に対しては手段を選ばず、断固として叩きのめすのみだ。そのためには、我々が先制攻撃をすることが重要で、主導権を握らなければならない。叩くのは早ければ早いほどよく、テロリストたちが肥大化しないうちに活動を封じ込める必要がある。

## 7　香港戦場——香港が「反中・反共」の拠点になることは容認せず

香港という国際都市は、見た目はとても華やかだが、社会の底流にはさまざまな策動がうごめいており、あらゆる思想や価値観が入り混じっている。香港は世界に名だたる情報の中心地であり、米国や英国などが長年、スパイ活動をしてきた。香港という前哨陣地で、浸透工作や敵対勢力によって機密情報を盗まれるのを防ぐ闘いは非常に厳しい。

香港という戦場の重要性は、米国が香港に配置した拠点の能力や規模からも透けて見える。米国は世界各地に外交機関、軍事基地、支援団体などを配置しており、米政府の軍事戦、政治戦、文化戦を実行する拠点となっている。現在、米国が香港に駐在させている領事館員は１０００人に上る。まさに米国が香港という戦場に送り込んだ「特殊兵団」であり、「トロイの木馬」なのだ。１０００人の領事館員は、香港独立勢力と結託してさまざまな扇動工作をして、中国との特殊な戦闘を展開しようとしている。

香港の政治的状況は複雑で、敵対勢力、反対派、利益集団が活動しており、あらゆる方法を使って香港を混乱させてきた。こうした勢力は、香港を中国本土での「カラー革命」を起こすための拠点とみなしている。香港独立分子は祖国を裏切るという異常性においては、台湾独立分子に勝ることはあっても劣ることはない。

２０１４年、香港で大規模な「雨傘運動」が起きた後、２人の香港の大学生が英下院で、英国に対して南京条約〔アヘン戦争後の１８４２年に清国と英国との間に結ばれた条約〕と天津条約〔アロー戦争後の１８５８年に清国とロシア・米国・英国・フランスとの間で結ばれた条約〕の復活を要求する証言をしている。２０１９年には、香港で長期間にわたり、大規模な暴動が起こった。そして、米国と英国は黒幕として、一連の暴動を支援した。香港暴動こそが、米英など西側国家が中国に仕かける「カラー革命」の代表例と言える。

香港を「戦場」と呼ぶことに違和感を覚える人もいるだろう。しかし実際には、１９９７年に中国に返還されたその時から、国内外の敵対勢力は香港を戦場とみなし、中国大陸に攻勢をかけてきた。香港はすでに祖国に返還されて、中国の特別行政区となっており、再び失うようなことがあっては決してならない。我々にとって、敵対勢力との闘争は長期的で厳しいものになるが、決して譲歩をしてはならず、決戦に必ず勝たなければならない。

　香港という戦場では、政治だけではなく、情報や軍事面での闘争も繰り広げられている。香港独立勢力による暴動に対して、「一国二制度」を死守することは人民解放軍の重要な使命なのだ。台湾海峡と香港の戦場には相違点がある。将来の台湾海峡の戦争は、台湾独立分子を粉砕し、国家の統一を実現することが目標であるのに対し、香港における戦場では、「一国二制度」という香港返還の成果を死守して国家の統一を守ることが最大の目標となる。つまり、「一国二制度」を堅持するのか、それとも「二国二制度」になるかという問題と言える。「一国」は「二制度」の前提で、「一国」がなければ「二制度」など議論するに値しないのだ。香港がどれだけ特殊な地位にあるとしても、中国の領土であることに疑いはない。「一国」という原則に関わる重大な政治問題においてルールを破ってボトムラインを超えた人物に対しては、強い攻撃を加えなければならない。

　中国は１００年以上にわたり国難に見舞われ、同胞が蹂躙される悲惨な歴史を経験してきた。すべての中華の子供たちはこの屈辱の歴史を固く胸に刻んでおかなければならない。国家の主権と領土の一体性を守り、国家分裂という歴史的悲劇が繰り返されるのを絶対に容認しないというのは、共産党と解放軍が歴史と人民に対して誓った重い約束なのだ。国家を分裂させるすべての活動は、全中国人民の猛烈な反対を受けるだろう。いかなる人間、組織、政党、国家も、いついかなる方法でも中国の領土を一寸たりとも分裂させる行為を絶対に容認はしない。

香港という戦場に駐軍する中国人民解放軍は、単なる飾りでもパフォーマンスのためでもなく、国家の治安を管理するための警察部隊でもない。それは、戦争に備えて敵対勢力と戦う使命をもった正規軍であり、「一国二制度」を死守し、香港の繁栄と安定を守るための重要な基盤なのだ。香港返還の交渉時、香港に駐軍するかどうかをめぐって、我が国は英国人と激しい論争を繰り広げた。当時、鄧小平はこう強調した。

「中国の領土であるからには、なぜ駐軍してはならないのか。仮に香港独立分子が香港を混乱させ、ボトムラインを超えるようであれば、解放軍は出動して武力を行使するだろう」

香港という戦場において、軍事力を発動して、国家主権と中央の統治権、社会の安定を維持することが求められる。今後、香港で大規模な動乱や暴動が起こる可能性は依然として十分にあり、解放軍駐香港部隊はあらゆる準備をして、緊張感をゆるめず、必要になれば、迅速に出動し、問題を解決していかなければならない。

## 8　シーレーン戦場——有事に封鎖されてはならない

海上における戦略的通路は、国際的な経済貿易にとっての大動脈だ。現在、世界の90%の貿易は、海上運輸が占める。シーレーン（海上交通路）に問題が生じれば、国家は経済的に窒息し、世界経済は機能不全に陥りかねない。中国経済は東部の沿岸地域に大部分が依存しており、対外依存度は60%を超える。中国の商船は世界１２００以上の港に出入りしており、世界の10大海上コンテナターミナルのうち、７つが中国にある。中国の対外原油依存度は55%に達し、輸入する石油の90%は海上を通じて運ばれる。

中国のシーレーンは米海軍によってコントロールされてきた。米海軍は１９８０年代から「シーレーン支配戦略」を策定しており、世界の16のシーレーンを絶対的に支配することを目指し、戦時には敵対国の船舶輸送や海軍力を有効的に封鎖できるようにしている。米国のある学者は、「中国のエネルギー安全保障は脆弱で、米国海軍は太平洋とインド洋上で中国の船舶の航行を遮断し、中国のエネルギー供給を切断できる」と指摘している。

ランド研究所の「報告書」は、米中間で戦争が起きた場合の経済損失について次のように予測している。

「米中間で1年間に及ぶ激しい戦争が起きた場合、両国間の貿易額は90％減るだろう。東アジアの貿易も80％減、世界の総貿易量は50％減となり、中国のＧＤＰも30％下がる。中国が消費する天然ガスと原油のほとんどは輸入だ。米中戦争で中国が海上から得ている石油と液化天然ガスを遮断することで、最も顕著な効果が得られるだろう。西太平洋地域において激しい戦闘が起きれば、中国のほぼすべての貿易を寸断できる。米国の主な損失は中国との2ヵ国間貿易と、東アジア国家との貿易にすぎず、中国と比べれば損失はたかが知れている」

以上からわかるように、戦略的なシーレーンは中国の経済と国民生活の生命線に関わる核心的利益なのだ。有事には、米国によってシーレーンは封鎖されかねない。解放軍はシーレーンという戦場で打ち勝たなければならない。

# 第8章　世界一流の軍隊になるための戦略

習近平時代に世界一流の軍隊を建設するというのは、中国が「強軍の夢」を実現する上での最終目標だ。世界一流の軍隊とは何を意味するのか。その特徴は何なのか。それを実現するためにはどのようなプロセスが必要なのだろうか。本章で解説していく。

## 1　新中国における3大偉人が目指した強軍

1927年8月1日、中国・南昌の地でその銃声は鳴り響いた。中国人民解放軍が誕生し、2049年までに世界一流の軍隊を建設するという「強軍の夢」を追い求める道のりの始まりだった。この120年余り、解放軍の発展は大きく3つの段階に分けることができる。

第1世代解放軍――政権を奪取する「革命軍」。1927年の建軍から1949年の新中国設立まで、22年の革命戦争を指揮した。

第2世代解放軍――国土や国境を守る「国防軍」。1949年の建国から2012年の第18回共産党大会までの60年強の時間を要した。

第3世代解放軍――民族の復興を推進して世界平和を創造する「最強軍」。習近平時代に世界一流の軍隊を建設し、解放軍を世界最強軍団へと押し上げる。

新時代の中国が世界一流の軍隊を建設するプロセスは、２０１２年の第18回党大会でトップに登り詰めた習近平が、２０４９年までに「強軍の夢」を成功させ、「中国の夢」を実現する。このためには37年の時間を必要とする。

## ①毛沢東から習近平——新中国における強軍目標の実現に向けて

〈開国の領袖・毛沢東の強軍目標〉

新中国建国からまもない１９５０年9月、毛沢東は全国戦争英雄代表会議に言葉を寄せ、「強大な国防軍を建設するために奮闘せよ」と呼びかけた。続く１９５３年8月、毛沢東は軍事工程学院での演説で、「現代化国防」という概念を提示し、次のように指摘した。

「現代化された国防を建設するために、我々の陸軍、空軍、海軍は機械化のための十分な装備と設備を持たなければならない」

新中国建国初期、強大な現代化国防軍の建設は大きな一歩を踏み出した。それまでの陸軍の基礎の上に、空軍、海軍、その他の技術を持った砲兵や装甲兵を中心に増強を図った。数年の努力を経て、１９５０年代中期になると、解放軍は単一的な陸軍からいくつかの兵隊を結合させた編成軍への転換をほぼ完成させた。その後、毛沢東は解放軍現代化の比重を、核兵器を代表とする先進兵器装備の発展へと移し、国の総力を挙げて取り組んだ。

１９６１年９月15日、中国共産党中央は工業政策について、「４つの現代化」という新たな指示を出し、「現代工業、現代農業、現代国防、現代科学文化を有する社会主義国家として我が国を建設する」とし、「国防現代化」を従来の４番目から３番目に格上げした。

毛沢東時代の強軍目標には主に、二つの概念と、二つの発展がある。二つの概念とは、「強大な国防軍を建設すること」と「現代化国防を建設すること」を指す。二つの発展とは、単一的な陸軍から海軍や空軍を含めた３軍に砲兵、装甲兵といった技術を加えた兵力に転換したこと、そして１９６０年代中頃から１９７０年代中頃にかけて核保有するに至ったことを指す。こうして第二砲兵が生まれ、原子爆弾と水素爆弾が生まれ、人工衛星が生まれ、原子力潜水艦が生まれたのだ。

〈鄧小平が語った軍隊建設の総目標〉

鄧小平は１９８１年９月19日、華北地区の軍事演習閲兵式で「人民解放軍を強大な、現代化、正規化した革命軍隊として建設していかなければならない」と語り、新時代における軍隊建設の総目標を提示した。1987年8月1日には、解放軍建軍60周年に寄せた祝辞のなかで、「我が軍を強大で、現代化、正規化した革命軍隊に建設するために奮闘していこうではないか」と呼びかけている。

〈習近平新時代の強軍目標〉

第18回共産党大会が閉幕してまもない2013年3月11日、習近平国家主席は第12期全国人民代表大会第1回会議解放軍代表団全体会議で次のように演説した。

「党の指揮に従い、戦って勝ち、そして風格がある人民軍を建設するために努力していかなければならない。これは、新しい党の強軍目標であり、人民解放軍を世界一流の軍隊として建設していくのだ」

新中国の強軍目標は時代の移り変わりとともに進化しており、解放軍建設の歴史的な歩みは着々と進められてきたのだ。

### ②「中国の夢」と「強軍の夢」の補完関係

習近平主席が党と国家の最高指導者に就任して以来、率先して「中華民族の偉大なる復興を実現する」という「中国の夢」を提示し、続いて「世界一流の軍隊を建設する」という「強軍の夢」を掲げた。こう振り返ると、「『中国の夢』が『強軍の夢』を喚起し、『強軍の夢』が『中国の夢』を擁護する」という関係性が見てとれる。世界一流の軍隊を建設するという新時代の強軍目標はこうした経緯でつくられてきた。

習主席は中央軍事委員会主席就任後の２０１２年12月10日、初の部隊視察として広州軍区を訪れた。師団長以上の幹部との記念撮影後に談話を発表し、初めて「強軍の夢」を提示した。

「私は先日、中国国家博物館の展示『復興への道』を見学した際、『中華民族の偉大なる復興』という中華民族にとって近代以来最も壮大な夢の実現を提唱した。この偉大なる夢というのは『強国の夢』であり、軍隊にとっては『強軍の夢』なのだ。我々が中華民族の偉大な復興を実現したいのであれば、前向きな努力を続け、富国と強軍を融合させ、強固な国防と強大な軍隊を建設しなければならない」

翌２０１３年３月11日、習近平主席は第12期全国人民代表大会第１回会議解放軍代表団全体会議の参加者を前にこう演説した。

「私は中国の特色ある強軍の路線を提示する。党の指導に従って、戦いに勝て、風格がある軍隊を建設していくことが、党の新たな強軍目標なのだ」

この目標は、より厳しくなっている国際情勢の変化に対応し、軍隊建設が抱える矛盾や問題を解決した上で、より強化していくことに着目した提言といえよう。そのなかで、「党の指導に従う」というのは軍の精神そのものであり、軍隊建設にとっての政治的方向性を決定づけている。「戦いに勝てる」というのは核心であり、軍隊の根本的職能を反映している。「風格がある」というのは軍隊の性質、目的、素質に関連している。この3つの条件は、相互に関係しており、軍を建設して統治するために重要で、発展の方向性も決定づけている。

そして2016年2月24日、習近平主席は軍内部のある重要会議で、「世界一流の軍隊を建設する」という目標を初めて打ち立てた。これは、習主席が第18回共産党大会後の3年間、延べ20回外遊し、40カ国を訪問するなかで、近年の世界情勢が大変革期にあることを実感した結果、提示されたものだった。主に4点の大変革がある。

1つめは、国際秩序の構造的な大変革だ。数百年の間、国際的な権力構造は数回にわたり大きく変化しているが、いずれも西側世界内で起きていた。現在、新興国と途上国における大国の国力が強まり、国際社会における西側のパワーと地位に重大な影響を与えるようになった。国際的な権力構造において、分化と統合が進み、大国関係は全方位競争という新たな段階に入った。

2つめは、グローバルガバナンスのシステムをめぐる大変革だ。これまでのように西側国家だけが世界の重大な課題を決定する時代はすでに終わった。グローバルガバナンスは、列強が戦争や植民地、勢力圏争いといった方法によって利益や覇権を奪い合う時代から、各国が国際ルールをつくって相互に関係や利益を調整する方式が中心となる時代へと大きく様変わりしたのだ。

3つめは、地政学をめぐる大変革だ。世界の経済と戦略の重心は、近代以来、第1段階は「欧州中心」で、第2段階は「米国中心」だった。最近では、第3段階として「アジア中心」へと移行している。アジア太平洋地域は大国の戦略的な競争と攻防の中心地となった。

4つめは、総合的な国力の競争をめぐる大変革だ。新たな科学技術革命、産業革命、軍事革命が加速度的に進んだことで、総合的な国力の競争は経済、科学技術、軍事といった分野で幅広く展開されるようになり、世界の発展プロセスに大きな影響を与えている。

世界最大の発展途上国である中国は、世界最大の先進国である米国との総合的な国力競争において、奇跡的に接戦を繰り広げている。中国の壮大な発展は、国際的な構造やシステムの地殻変動をもたらしている。中国はまさに初めて、世界の舞台の中心に登り詰めようとしており、国際社会がこれほど中国に注目することはなかった。今日の中国は、①世界大変革、②歴史的チャンス、③戦略的試練に直面している。いまこそ千載一遇の歴史的契機を迎えており、この流れに乗り、中華民族の偉大なる復興を必ず実現する行動力が求められているのだ。

こうした経緯を経て、習近平主席は２０１７年10月18日、第19回共産党大会の政治報告に次のような文言を盛り込んだ。

「党の指導に従い、戦いに勝て、風格がある軍隊づくりを進め、世界一流の軍隊を建設することが、党の新時代における強軍目標だ。習近平強軍思想を守り、新時代における軍隊の使命と任務を履行しなければならない」

この文言が新たに改定された共産党規約に盛り込まれたことは特筆に値する。

## ２　中国の特色ある世界一流の軍隊の意味と性質

世界一流の軍隊を建設するというが、「一流の軍隊」の定義とは何だろうか。中国が世界一流の軍隊を建設することと、過去の国際社会における一流軍隊の間には本質的にどのような違いがあるのだろうか。この問題を解き明かすことは、中国の強軍に道理を見出し、「中国脅威論」に反論し、中国の強軍化が世界にとっても利益となることを証明することにもつながるのだ。

### ①戦場に二番手は存在せず、世界一流の軍隊こそが世界最強の軍隊

中国が世界一流の軍隊を建設するというのは、世界最強の軍隊になることを意味する。「中国の夢」の定義は中華民族の偉大なる復興であり、中国を世界で最も富強な国家にすることを目標としている。「中国強軍の夢」の定義は、世界一流の軍隊を建設し、解放軍を世界最強の軍隊に育て上げることである。

新時代の中国強国化は、「立ち上がり」「豊かになり」そして「強くなる」という3つのステップを経て実現される。では、「中国が強くなる」ということは、世界の第1位と2位のどちらを目指すのだろうか。それは言うまでもなく、最強の軍隊を持つ世界第1の強国を建設することが目標だ。

世界一流の軍隊は1国だけとはかぎらない。時に2カ国あるいは三つ巴もありうる。数

カ国がしのぎを削り、勢力均衡を形成する場合もある。たとえば、ナポレオン戦争時代の英国軍とフランス軍や、2度の世界大戦における英国軍、ドイツ軍、米軍、また冷戦期のソ連軍と米軍などが該当する。しかし、世界一流軍隊の本質は、世界最強の軍隊であることに変わりはない。2カ国或いは数カ国の強大な軍隊が同時に存在する状態はあくまで過渡期に過ぎないのだ。

「文に第一は無く、武に第二無し」という言葉がある。まさに両軍が対決する戦場の決戦を示している。戦場はスポーツの試合とは異なる。戦場に二番手は存在せず、軍事対決に金メダルや銀メダルという順番もない。勝者か敗者しかいないのだ。世界一流軍隊というのは、世界第2位ではなく、世界第1位を意味する。中国は世界の強敵に対峙しているが、必ずや世界一流の戦闘力を持つ軍隊を建設していくべきだ。

世界一流の軍隊を建設することは、覇権国家の特権ではない。民族復興と世界平和のために一流の軍隊を建設することは、中国の国家主権であると共に、人類文明への貢献なのだ。この世界には「米国一強」の前提がある。

「中国は軍事的に米国を越えてはならない。また中国が脅威になって軍拡が起こる背景には、中国内のタカ派の狙いがある」という世論が存在しているのも事実だ。確かに現在の世界で最大の問題は、米国の脅威といえる。米国覇権主義は世界の平和と発展に最大の脅威となっている。米国の強大な軍事力が米国の覇権主義を支えている。米国は世界中で制裁を発動できる。では世界中で多くの戦争を引き起こして甚大な災難をもたらした米国に対し、誰が制裁できるのか。台湾の作家・李敖は『米国を審判する』という著作の中で次のように喝破している。

「米国は犯罪国家であり、国連は米国を制裁する宣言を発表し、国際司法裁判所は戦争罪と反人類罪の容疑で米国の大統領を指名手配すべきだ」

中国の世界一流の強軍化戦略について、「一部のタカ派の考え方だ」と指摘している人がいるが、これは馬鹿げている。米国にはタカ派がおり、「侵攻派」「侵略派」「覇権派」に分類できる。一方、米国の中央情報局（ＣＩＡ）に名指しされた中国の「タカ派」は、例外なく「防御派」「護国派」「反覇権派」「平和維持派」なのだ。アヘン戦争以降の中国において、富国強軍を求める声は高まっている。中国民主革命の先駆者、孫文はこう提起している。

「中華民族は欧米を凌駕する世界一の富強の国を建設しなければならないし、必ずそれができる。そして、世界最強の軍隊も建設できる」

中国共産党の3人の偉大な領袖は、中国人民を引き連れて中華民族の偉大なる復興を実現し、世界一の富強の国を建設する過程において3つの奇跡を生み出した。毛沢東は天地を切り開いて新中国を建国するという奇跡を実現した。鄧小平は天地を一変させて改革開放を実行して「立ち上がる」から「豊かになる」という奇跡を生み出した。そして習近平は天を支えて大地に立ち、14億人の中国人民が「中国の夢」「強軍の夢」の推進のために闘い、そして地球上の80億の人々が人類運命共同体を構築するという「世界の夢」を実現するために奮闘している。

米国の観点と基準からすれば、孫文や毛沢東、鄧小平、習近平はみな「中国のタカ派」なのだろう。とくに習近平主席は、「中国最大のタカ派」とみなされているようだ。

米国がいわゆる「中国タカ派」を貶めようとする悪意を持っているのは明らかだ。併せて我々も「米国タカ派」「米国覇権派」に対し、「21世紀の中華民族は天頂に登り詰める巨大な龍であり、自由に空を飛び回る勇敢な鷹なのだ」と明確に通告する必要がある。毛沢東時代に立ち上がり、鄧小平時代に豊かになり、そして習近平時代に強くなって、世界の頂点に突き進むのだ。これは富強中国にとって良いことであるだけでなく、世界にも幸福をもたらす良いことなのだ。そして、米国が覇権国家から正常国家へと再生することを促すことにもつながるのだ。

## ②新タイプの世界一流の軍隊＝「新型文明軍隊」

世界一流の軍隊を建設することで、解放軍と中国の性質は変わってしまうのか？　一部の人間が懸念して恐怖を抱いているいわゆる「中国の脅威」をもたらすのだろうか？

中国が21世紀につくろうとしている世界一流の軍隊は、近代以来の世界一流の軍隊とは性質の異なる新型軍隊である。

近代以来の世界一流の軍隊には３つのタイプがあった。

１つめのタイプは、植民地拡張主義に活路を見出した世界一流の軍隊で、その典型例は大英帝国の軍隊だ。艦船と銃砲を駆使し、「日の沈まない帝国」を築き上げ、世界の至るところに植民地を置いた。現在の英国の国土面積は24万３６００平方キロメートルで、中国の広西チワン自治区と同じくらいの広さだ。大英帝国の植民地主義はピーク時に５つの大陸で３０００万平方キロメートルの土地を所有しており、英国本土面積の実に１２０倍以上に相当する。

２つめのタイプは、ファシズムと軍国主義がはびこっていた頃の世界一流の軍隊だ。その典型は2回の世界大戦におけるドイツと日本の軍隊で、世界に甚大な災難をもたらしたのは言うまでもない。

3つめのタイプは、覇権主義を支える世界一流の軍隊である。その典型は、第2次世界大戦から現在に至る米国の軍隊だ。

21世紀の前半に中国が建設しようとしている世界一流の軍隊は、上記の3つのタイプとはまったく異なる「第4のタイプ」だ。偉大なる復興という「中国の夢」の実現に奉仕し、人類運命共同体という世界の夢に幸福をもたらす一流の軍隊である。植民地主義や拡張主義、覇権主義も行わない新型の一流軍隊なのだ。中国人民解放軍は世界史上最初で最強の「新型文明軍隊」を目指しているのだ。

解放軍は侵略の歴史を持たない軍隊であり、かつ「強いけれども覇権を求めない」軍隊でもあり、そして国家の安全と世界平和を守るための軍隊なのだ。解放軍が強大になればなるほど、世界平和にはプラスになるのだ。

中国が世界一流の軍隊を建設するのは、米国が中国にもたらす脅威に対処するのが目的であって、米国に脅威を与えるためではない。中国は世界一流の軍隊を建設することを通じて、①米国に戦争を発動させない、②米国はこれまで何度も新中国に対して核兵器使用の威嚇をしているが、中国は米国に対して核兵器使用の威嚇をしない、③軍事覇権を求めず軍事同盟も結ばず、冷戦にも与しない、ということを目指す。はたして、米国にもそれができるだろうか。

米国は中国と共に「21世紀中米平和協定」の制定を提案する。この協定には、①不戦、②核兵器の不使用、③軍事同盟を結ばない、④軍事的包囲網で封じ込めをしない、⑤冷戦をやらない、⑥内政干渉しない、という「6つのノー」が盛り込まれるべきだ。また、国連は『世界憲法』を制定して、覇権主義を管理し、戦争を防止し、テロリズムの制圧を目指す。

## 3　世界一流の軍隊を建設するためのタイムテーブルとロードマップ

世界一流の軍隊を建設することは壮大な軍事プロジェクトとなる。総合的に設計したタイムテーブルとロードマップが求められる。

### ①中国が世界一流の軍隊を建設するためのタイムテーブル

習近平時代は「中国の夢」と「強軍の夢」という2つの夢の実現を同時並行で進めてい

く。中華民族の偉大なる復興を実現する時間軸と、世界一流の軍隊を建設する時間軸はほぼ一致している。２０１２年11月８日、第18回共産党大会で習近平時代が始まった瞬間から２０４９年の新中国建国１００年に至る37年間は、輝かしい時代となるだろう。この37年間で「中国の夢」と「強軍の夢」を同時に実現していくのだ。２つの夢の実現に向けた過程には３つの段階があり、同時に「３つの闘い」をしていかなければならない。

## （１）「中国の夢」を実現するための３つの段階と３つの闘い

第１の闘い――２０１２年から２０２１年まで。小康社会〔少しゆとりのある社会〕を全面的に建設し、「小康の夢」を実現する。これは習近平時代における中華民族の最初の大勝利となる。

第２の闘い――２０２１年に小康社会を全面的に建設した後、２０３５年までに中国現代化の目標を実現するまで。14年の時間を使って「現代の夢」を実現し、技術革新型の先進国のトップに登り詰める。これは習近平時代における中華民族の２回目の大勝利となる。

第３の闘い――２０３５年から２０４９年の14年間を費やして、中国を富強、民主、文明、和諧、華美を兼ね備えた社会主義現代化強国にして、中華民族の偉大なる復興という

「中国の夢」を成功裏に実現する。これは習近平時代における中華民族の3回目の大勝利になる。

3つの段階、3つの闘い、そして3つの勝利。これが習近平時代における中華民族復興の「3部作」となる。

## (2)「強軍の夢」を実現するための3つの段階と3つの闘い

強軍化のための第1段階――2012年の第18回共産党大会で習近平主席が解放軍のトップに就任してから2020年にかけて、世界で起きている軍事革命を推進し、国家の安全に求められる国防と軍隊建設の質と能力を大幅に向上させ、機械化と情報化の建設において、大きな発展を遂げ、戦略的能力を大幅に向上させる。

強軍化のための第2段階――2021年から2035年にかけて、軍事理論や軍隊組織形態、軍事要員、武器装備のそれぞれの現代化を進めていく。その上で、①時代性、先進性、独自性がある軍事理論、②合同作戦指揮、③新型軍事管理、④現代軍事力、⑤新型軍事訓練、⑥新型軍事人材、⑦国防科学技術革新、⑧現代軍事政策制度、⑨軍民融合発展、の9つのシステムを構築していく。14年間の努力を経て、2035年までに国防と軍隊現代化を実現する。

強軍化のための第３段階——２０３５年から新中国建国１００年という節目の年である２０４９年にかけて、中華民族の偉大なる復興という「中国の夢」を実現するにあたり、「強軍の夢」を実現し、世界一流の軍隊を建設する。

２０１２年から２０２１年という「１つの９年間」、そして２０２１年から２０３５年、２０３５年から２０４９年という「２つの14年間」という３つの時間の節目と段階が、習近平時代における強国化と強軍化の全工程となる。

新時代の中国が世界一流の軍隊を建設するためのタイムテーブルは、第19回共産党大会の政治報告にも記されている。

「中国の特色ある強軍の道を行くことで、国防と軍隊の現代化を全面的に進めていく。中国人民解放軍が世界的な軍事革命と国家の安全に対応できる国防と軍隊建設の質と能力を大幅に高め、２０２０年までに機械化と情報化の分野で大きく進展し、戦略的能力を大幅に向上させる。軍事理論の現代化のほか、軍隊組織形態の現代化、軍事要員の現代化、武器装備の現代化を総合的に進めていく。２０３５年までに、国防と軍隊の現代化を基本的に実現し、今世紀半ばまでに人民軍を世界一流の軍隊に育て上げる」

## （3）解放軍がライバルを猛追するロードマップ

新時代の中国が世界一流の軍隊を築き上げるには、30年余りの時間をかけてライバルを猛追し、世界最強の軍隊になる必要がある。時間軸で言うと3つの段階がある。

第1段階・追走――中国が軍事面で米国に大きな差をつけられている状況においては、中国は軍事力の発展と強軍を目指すために米国を後ろから追いかけることになる。この段階では、強敵の優勢な軍事力に対して、中国は二流もしくは三流の軍事力で米国の一流の軍事力からみずからを防御しなければならない。武器装備において劣者が優者に勝利し、実力比較において、弱者が強者に勝利することに注力せざるを得ない。

第2段階・並走――中国強軍化の偉業を推進し、軍事力を急速に増強して、米国との軍事力の差がしだいに縮まっていくことで、両国の軍事力はしだいに均衡がとれるようになる。中国と米国は並走する「世界2強」となる。解放軍と米軍は世界の軍事舞台において、互いをライバルとみなし、軍事競争の「並走」する段階に入っていく。この段階において、解放軍は軍事科学技術、武器装備、能力の面において、「弱者が強者に勝利する」という高いコストが伴う受け身の状態から脱却し、「強者が強者に勝利する」という主導権を持つことができる。

第3段階・リード——20年か30年後には、中国は経済だけでなく、総合的な国力でも米国を超越する。科学技術や武器装備を含めた軍事力全般で米国を上回り、中国が世界の軍事的な舞台において、リードする存在になる。

新時代の中国が世界一流の軍隊を建設する過程での追走、並走、リードという3つの段階に対応するのが、解放軍の武器装備だ。解放軍の武器装備は長らく、落ちぶれて劣勢の状態にあった。強敵に向き合って打ち勝つ過程には3つの異なる特徴があった。

第1の特徴・追走——劣勢な武器装備で先進的な武器装備を持つ相手に勝たねばならなかった段階。

第2の特徴・並走——双方の軍事力のほか、軍事技術と武器装備も同等の水準となったため、「優者が優者に勝つ」という状態で勝利を手に入れることができるようになった段階。

第3の特徴・リード——解放軍の武器装備が世界で先進的となり、敵軍との軍事闘争においても、「強者が弱者に勝つ」という優勢を持つようになった段階。

これこそが、解放軍の軍事的発展にとっての理想的な状態だ。

中国が世界最強の軍隊を建設するプロセスの最大の特徴は、後塵を拝していた中国が猛スピードで敵陣を追いかけ、そこに突っ込み、飛躍的発展を遂げるなかで米国を追い越すことである。これは世界軍事史のなかでも前例のない奇跡と言えよう。

中国が「強軍の夢」を提示したことによって「世界の軍拡に拍車がかかる」という懸念の声が出ている。中国が世界一流の軍隊を建設することで、「世界の戦略的均衡が破壊される」という批判もある。解放軍が世界最強軍となれば、「全世界は恐怖で震え上がる」という人もいるだろう。これは西側世界、とくに米国の一部関係者が解放軍を貶め、全世界を不安に陥らせるための「世論戦」の一環だろう。

中国は１８４０年以来、侵略され、包囲され、封じ込められてきた。中国はこれまでも今後も、対外政策において「侵略しない」「拡張しない」「覇権を求めない」という方針を守っていく。中国の経済成長が世界経済の成長に与える貢献率は30%を超えており、米国、日本、欧州の総数を超えている。中国の軍事力の成長による世界平和への貢献率も経済面と同様、着実に向上している。中国の経済成長はいっそう世界経済を安定させ、推進させる原動力となっている。中国の軍事力の発展は、世界覇権を牽制し、戦争の勃発を封じ込め、平和を守る最も重要な推進力となってきているのだ。

中国が30年余りをかけて世界一流の軍隊を建設するための最も重要な原動力は、技術革新だ。技術革新こそが国家と軍隊が発展して進歩するための「魂」なのだ。これまでイノベーションの欠如が、解放軍の建設と発展、戦闘力の向上を制約してきたと言えよう。だからこそ、軍隊の建設と発展において、イノベーションを核心的位置に据えた上で、軍事理論、技術、組織、管理、文化などを向上させて戦闘力を増強していかなければならない。イノベーションにとって最重要なのは科学技術だ。解放軍はハイテク技術の分野で世界軍事強国と比べて大差をつけられている。科学技術の蓄積もまだまだ足りない。だからこそ、この難しい大問題を一刻も早く解決することで、戦略的競争の領域で独自の優勢を確保していかなければならない。

## ②中国が世界一流の軍隊を建設する千載一遇の契機と課題

中華民族は1840年から現在に至る180年以上の奮闘を経て、民族復興の実現と世界一流軍隊の建設のための千載一遇の歴史的契機を迎えている。中国は新時代において、さまざまな分野で難しい問題を抱えているが、それでもなお、問題よりも大きなチャンスを手にしている。この歴史的契機は何としてもつかみ取らなければならない。

新時代の中国が民族の偉大なる復興を実現して世界一流の軍隊を建設するというのは、国家と民族にとっての最大の利益となる。新時代における強国化と強軍化という偉大な事業は、重要な発展段階に突入しており、歴史上のどの時期よりも目標に近づいている。こうした時こそ、戦略的な冷静さと明確さの両方を維持し、世界一流の軍隊の建設に向けて邁進しなければならない。

習近平主席は「我々は多くの新たな歴史的特徴を持つ偉大な闘争のための準備をしなければならない」とこれまで何度も訴えてきた。この言葉の意味するところは深い。チャンスをつかみ取るだけでなく、課題を積極的に受け入れなければならないことを意味する。中国はいま、かつてないほど、世界の軍事力の中心的な存在になりつつあり、中華民族の偉大なる復興という目標に近づいている。一方、前途多難で順風満帆にはいかない側面も直視しなければならない。

一部の西側国家は心底、中国が世界の強国の地位に上り詰め、社会主義・中国が壮大に発展するのを見たくないようだ。だからこそ、あらゆる手法を使って中国に対して戦略的な封じ込めと包囲網を仕かけてくるのだ。中国は、国境周辺の領土や主権をめぐる紛争を始め、大国間の地政学的競争、安全保障をめぐる攻防、民族・宗教の矛盾といった問題にこれまで以上に悩まされることになるのは避けられない。国境付近で混乱や戦争が起こる可能性すら高まっている。あらゆる敵対勢力は共に協力し、民族分裂勢力は活発に仕かけてくるだろう。テロリストはいたるところで活動をして社会の安定を脅かす要素は格段に増している。総合的に考慮すれば、中国の安全と発展に関わる情勢はこれまで以上に複雑になっており、予測可能なリスクと課題は増加している。軍事闘争をめぐる任務もこれまで以上に複雑化し、厳しい戦いになるのは明らかだ。

偉大なる民族は、歴史的契機をうまくつかみ取ることができなければならない。その成否は、国家の命運と民族の未来に関わっている。過去を振り返っても、歴史的契機をとらえて人類の発展に重大な影響を及ぼす領域で真っ先に飛躍を遂げた国家が、大きな戦略的優位を獲得してきた。一方、中国はこれまで、産業革命などいくつかの重要な歴史的局面でチャンスを逃してきた。その結果、世界の先進国家との差が開いて、国家としての総合力は落ち込み、長期的な停滞を招いた。いま、中国は再び歴史的転換点を迎えている。多くの先進技術が軍事の分野で運用されるようになった。ここで再び歴史的契機を逃すことは、絶対にあってはならないのだ。

# 第9章　科学技術の振興こそが強軍化への近道

「科学技術こそが核心的な戦闘力であるという思想を打ち立て、重大な技術革新と自主革新を推進していく。そして技術革新型の人民軍を建設する」

習近平国家主席は第19回中国共産党大会の政治報告のなかでこう強調した。

科学技術が戦争を形づくるといっても過言ではない。戦争の変遷は、技術の進歩と関連している。火薬の発明に始まり、無線電機の運用、装甲車の登場、核兵器の出現……。これらすべてが戦争の歴史に巨大な変数をもたらしてきた。現代の情報化時代において、２日間で収集できるデータ量は、文明が誕生してから２００３年までの間の総データ量をも上回る。量子コンピューターが実用化されれば、どのようなパスワードも解読できるようになる。これからの世界、とくに軍事領域においては、パスワードで身を守ることはもはや不可能となるのだ。

現代化戦争とはハイテク戦争である。現代化軍隊とはハイテク化軍隊である。第１次世界大戦時、参戦した軍隊の専門技術の種類は20種余りしかなかった。第２次世界大戦でそれが１６０種強にまで急増。１９９０年代になると、その数は３０００以上に達した。21世紀に入り、軍事科学技術の発展は日進月歩の進化を遂げている。

そしていま、新たな科学技術革命と軍事革命の波が世界中に広がっている。ビッグデータ、クラウドコンピューティング、ＩｏＴ、量子通信、人工知能といった多くの科学技術が発達しており、国家における新たな生産性向上をもたらすだけではなく、軍事面での新たな戦闘力向上にも大きな変化をもたらすようになった。戦略的なハイテク技術は、軍隊の建設と戦闘にこれまで以上に大きな影響を及ぼすようになっている。解放軍が世界一流の軍隊を建設する上で、より集中的に労力を費やして、科学技術による強軍化を推進していかなければならない。軍民融合を進めることで、挙国体制という制度的な優位性を十分に生かし、科学技術分野における技術革新でも、追走から並走、そしてライバル国をリードする飛躍を加速化させ、世界的な軍事競争の主導権を獲得していくのだ。

科学技術による強軍化を進めるため、２０１６年１月、解放軍における新たな職能部署が中央軍事委員会に創設された。「科学技術委員会」だ。その目的は、国防科学技術における戦略的管理を強め、国防科学技術の自主的な技術革新を促進し、科学技術分野における軍民融合の発展を協調的に推進することにある。

## １　世界一流の軍隊に不可欠な世界一流の科学技術

近代における世界の軍事史を振り返ると、国際的な軍事舞台で縦横無尽に動きまわる一流の軍隊は、いずれも軍事科学技術の分野で他者を凌駕し、世界一流の科学技術を持っている軍隊だったことがわかる。

## ①装備面で追いつき、そして追い越す

近代の中国が没落した1つの教訓を忘れてはならない。科学技術による強軍化という意味において、過去の中国は「反面教師」だ。中国の封建的統治者は身の程を知らずに尊大で、かつ自己閉鎖的だったため、発展の契機を失って、国家は衰退した。アヘン戦争から日清戦争、そして8カ国連合軍による中国侵略の過程において、中国の軍事力は弱体化が進み、武器装備は遅れた。ほとんどの軍人は勇敢で、戦闘の精神に秀でていたものの、侵略者を反撃するには至らなかった。現代の科学技術革命は、中国に千載一遇のチャンスをもたらしている。それを何としてでもつかみ取り、時代の潮流に乗ろうとする野心と気概が求められている。

戦争に勝つためには、兵士の力量が重要であることは言うまでもない。しかし、軍事技術の急速な進化にともなって、兵器の重要性も高まっており、装備で差をつけられれば戦争に勝つことも難しくなる。たとえば、1999年のコソボ紛争では、米軍の先進的な兵

器と洗練された戦術を前に、ユーゴスラビア軍はなすすべがなかった。世界一流の軍隊を建設するために、解放軍は革命精神だけでなく、武器装備においても優位に立たなければならない。そうすることで、最小限の兵士の犠牲で戦争の勝利を得ることが初めて可能になるのだ。

　我が軍の史料によれば、１９２７年の建軍以来、計４７０強の大規模な戦闘をした。このうち日本や米国など21ヵ国の強軍と戦っているにもかかわらず、敗戦したのは10件にとどまる。一方で、解放軍は相手国と比べて、武器装備面で劣っていたため、死亡者数と死亡率は敵国をはるかに上回っていた。解放軍が強敵に立ち向かうには、精神と気概だけでなく、武器装備においても優位に立たなければならない。

「現代戦争のハイテク化」は、科学技術による強軍化の実現に向けて避けては通れない。２０１５年に発表された『中国の軍事戦略白書』は次のように指摘している。

「世界的な新軍事革命が進むなか、兵器の遠隔操作の精度は上がり、ＡＩ化と無人化の流れが加速している。宇宙とサイバー空間は各国間の戦略的競争における新たな激戦地となっている。軍事技術と戦争形態をめぐる革命的な変化は、国際政治と軍事情勢の行方を大きく変え、中国の軍事安全保障にも厳しい課題を投げかけている」

新中国建国後、我が軍は輸入、模倣、自主開発といった段階を歩み、多くの先進兵器やハイテク技術を創り出すようになった。武器装備の発展で歴史的な飛躍を遂げてきたのだ。

## ②「カーブで相手を追い越す」——並走からリードへ

科学技術で強軍化する目標は、科学技術をめぐる技術革新で「追走者」から「並走者」、そして「リードする者」になることだ。中国の国防と科学技術は、他国の後を追いかけているのではなく、いくつかの分野でリードする者にならなければならない。解放軍が新時代に科学技術面で強軍化し、飛躍的な発展を遂げる過程は3つの段階からなる。

第1段階——相手国から比較的大きな差をつけられた「追走者」
第2段階——相手国と競争を繰り広げる「並走者」
第3段階——相手国を超越する「リード者」

「カーブで相手を追い越す」ためには、追いかけ、追い越す上での正しい策略が求められる〔「カーブでの追い越し論」とは、中国の検索エンジンサイト「百度」の李彦宏会長が2009年に初めて打ち出した考え。李氏は金融危機において中国経済は「カーブ」に差しかかっているが、これはまさに飛躍的発展を実現し、ライバルを追い越すチャンスだと述べている。

近年、中国の政治、経済、外交、軍事といった分野で、とりわけ超大国・米国を追い越すという文脈で使用頻度が増えている」。

現在、主要国家はハイコスト、ハイリスク、ハイリターンとなる先進的な科学技術分野における技術革新に力を入れている。軍事能力における優位性を大きく向上できる革新的な技術を発展させている。こうした技術の発展を重くみた上で、追いつき、追い越すための戦略を策定し、いくつかの戦略的領域で独自の優位性を築く必要がある。

「カーブで相手を追い越す」ためには、軍民融合のイノベーション体系を迅速に構築しなければならない。科学技術の急速な発展にともなって、国家としての戦略的競争力や社会生産力、軍事戦闘力の結合との関連性が強まっている。国防経済と社会経済、そして軍用技術と民生技術の融合がより深まってもいる。科学技術による強軍化を推進するには、経済社会の発展と科学技術の進歩というしっかりとした土台に立脚しなければならない。

今日の世界の科学技術領域における競争は激しくなっている。とくに人工知能、サイバー情報、バイオ、ミクロナノ材料といった先進的な分野において、各大国は激しい攻防を繰り広げている。中国の経済力と科学技術力は長年の発展を重ねた結果、大きく飛躍している。一部の重要な分野では世界の最前線におり、追走者から並走者、リード者への転換を遂げている現状は、科学技術による強軍化を確実なものにし、科学技術分野における軍民融合をより効率的かつ迅速にできる環境が整っていることを意味する。時代の流れに沿う形で、軍民融合の発展戦略をさらに実行に移し、そのためのイノベーション体系をいち早く構築し、科学技術による強軍化のためのロードマップを研究して、策定することで、軍民協同のイノベーションを展開すべきだ。

第18回共産党大会以降、技術革新型の国家と軍隊の建設において目覚ましい成果を上げてきた。世界最大の電波望遠鏡の完成、量子技術の発展、無人宇宙補給機「天舟1号」の発射成功、初の国産旅客機の離陸成功などだ。習近平主席は「中央軍民融合発展委員会」と「中央軍事委員会科学技術委員会」を新設し、軍事人材の育成メカニズムや軍事科学技術の研究体制を再構築し、核心的な先端技術の発展に焦点を当て、戦略性、先進性、革新性を持つ技術の発展に注力してきた。ここ数年、航空母艦や原子力潜水艦のほか、中国空軍の主要戦闘機「J－20」や新型輸送機「Y－20」などの開発を急ピッチで進めている。また、一連の戦略ミサイルは全世界を震撼させている。

### ③自主革新こそが科学技術による強軍化の戦略的基礎

科学技術による強軍化の本質は、イノベーション型の軍隊を建設することだ。その意味で、自主革新こそが科学技術による強軍化の戦略的基礎となる。

真に重要な技術は、カネで買えるものではなく、輸入や模倣という手法でも手に入れることはできない。昨今の世界を見渡してみると、イノベーションの推進こそが国家間の競争で優位に立つための核心的戦略になっていることがわかる。

なかでも軍事分野における競争は激化している。米国が「第3次オフセット戦略」（敵国の優位をオフセット（相殺する）戦略）を提示したのも、イノベーションによって絶対的な軍事的優位を勝ちとるためだった。ロシアが「イノベーション型軍隊」という理論を提示したのも、情報化による新型の軍事力を打ち立てるためだった。他の国々も軍事分野におけるイノベーションへの投資を強化している。どの国もこの流れに乗り遅れたくないのだ。

科学技術による強軍化は、軍事理論、技術、組織、管理、文化など、各分野でのイノベーションを統合的に進めていくことが必要だ。さらに、科学技術による強軍化には基礎研究が欠かせない。基礎研究こそが科学の源泉であり、武器装備発展の原動力となる。

科学技術による強軍化を実現するためには、世界の新軍事革命の発展の最前線に立たなければならない。

### ④強敵を牽制する中国独自の「伝家の宝刀」を持つ

外部からの軍事的威嚇に対応するために、解放軍は既存の武器装備で戦いに備えるだけでなく、敵を怯えさせる独自の「伝家の宝刀」を準備しておく必要がある。ここで言う「伝家の宝刀」とは、非対称的で、相手の弱みにつけ込んで恐怖を与えるような武器装備のことを意味する。中国の新時代が大国から強国へと飛躍する過程で直面する深刻な軍事的脅威に対処するため、解放軍にとってこの「伝家の宝刀」を発展させることが極めて重要だ。

一部の西側国家は、社会主義・中国の「明るい未来」を見たくないのだ。中国の総合的な国力や影響力が急速に発展するにつれ、一部の西側国家は中国の国境付近に軍事力を配置して、封じ込めと包囲網を強めている。さらに米国は先進的な兵器を東アジアや東南アジアに配置するようになっている。あらゆる敵対勢力が、中国を西側化し、分断させるため、「カラー革命」を企んで実行に移そうとしている。周辺の一部の国家は、そんな米国の戦略に便乗し、中国の領土や海洋権益を乗っ取ろうとしている。中国は平和的発展の進不可欠だ。それでこそ初めて抑止力が確保されるからだ。

　新たな科学技術革命が起こり、戦略的なハイテク技術が次々と生まれており、サイバー化や無人化、人工知能化、「ステルス化」が軍事的発展の将来を左右するようになっている。こうした流れは、解放軍に課題と同時に「カーブで相手を追い越す」チャンスをもたらしている。非対称的な思考を守って、独創性のある計画を立てて、強敵に照準を絞り、より多くの独自の「伝家の宝刀」を用意することで、強敵からの技術的な奇襲攻撃を防ぐとともに、戦略的な威嚇を強めていくことが重要となってくる。

「伝家の宝刀」を発展させることは、１つや２つの新型兵器を開発することではない。真に重要なことは、「伝家の宝刀」としての兵器と軍隊全体の武器装備の体系との関係を適切に処理し、中国の特色ある現代軍事体系のなかでしっかりと役割を発揮することなのだ。ハイテク技術の武器装備の発展を戦略的に位置づけ、敵陣を有効的に封じ込める「伝家の宝刀」としての武器装備を重点的に発展させていかなければならない。そのためには、強敵の後を追いかけるだけの受け身の姿勢ではならず、独自の手法を確立しなければならない。

## 2　科学技術による強軍化の核心は「科学者強軍」

科学技術は戦闘力の中心であり、それを担う専門家はイノベーションするための戦力の中核といえる。近代における世界一流の軍隊に共通する戦略的な特徴は、戦争に勝てる強大さだけでなく、科学技術をうまく活用できる専門家集団を持っていることだ。優れた軍事将軍にもまた共通点がある。みずからが科学技術を重んじて勉強するだけでなく、科学技術分野の人材を尊重して育成し、活用している。ナポレオンはエジプトに遠征する際、１７５人からなる科学技術の専門集団を同行させていた。ナポレオンが、作戦を決める際、科学者の能力を十分に発揮しようとしていたことがうかがえる。

### ①「両弾一星」――新中国の科学技術による強軍化の初成功

新中国が強大な国防軍を建設する始まりは、粟と小銃、そしてそろばんだった。解放軍はわずか20年の間で「粟と小銃」から「両弾一星」〔両弾＝核爆弾＋大陸間弾道ミサイル、一星＝人工衛星の意味〕へと飛躍を遂げた。科学技術による強軍における初成功となった。

第2次世界大戦後、世界一流の軍隊かどうかを判断する基準は、原子爆弾と水素爆弾、そして人工衛星だった。新中国は建国の５年後、核兵器開発という政策決定をした。１９５４年秋、中国はウラン鉱物を発見した。そして、毛沢東はこう言った。

「我が国には豊富な鉱物資源がある。我々の国家も原子力を発展できるのだ。これは我々の命運を決定づける」

毛沢東が原子力開発を決意した当時、中国は飛行機や戦車はおろか、自動車やトラクターすら製造する能力すら持っていなかった。

１９５５年１月15日　中国共産党書記処が拡大会議を開催。原子力事業を発展させるための研究を実施。

１９５６年４月25日　毛沢東が中国共産党政治局拡大会議で「十大関係を論ずる」という談話を発表。「中国には飛行機と大砲だけでなく、原子爆弾も必要だ。今日の世界で、我々が他者にいじめられないためには、これを持たないわけにはいかない」

１９５８年５月　毛沢東が「我々も人工衛星をつくらなければならない」と発言。

同年６月　毛沢東が「原子爆弾、水素爆弾、大陸間弾道ミサイル程度ならば、10年も努力すれば製造できる」と発言。

ところが１９５９年、ソ連が中国との「国防新技術協定」を一方的に破棄し、中国に派遺していたソ連の専門家を撤退させ、資料を持ち帰り、設備や材料の提供を停止した。これに対する毛沢東の反応は明確だった。

「いまこそ決意を固めて先端技術を開発しようではないか。フルシチョフが我々に先端技術をくれない。大変結構なことだ。受け取ってしまえば、この借りを返すことはなかなか難しくなるからだ」

ソ連が中国への核援助の提供を停止した1959年6月、解放軍の研究員が中国初の原子爆弾のコードネームを「596」と名づけ、懸命に開発に着手した。

新中国は「両弾一星」を実現する過程で、勝算は低かったにもかかわらず、大きな成果を収めた。だが、当時の中国の科学者には原子爆弾を研究して製造する機材が不足していた。このプロジェクトを統括した物理学者の鄧稼先は理論設計チームを率いて、4台の手動式計算機とそろばんを使って、日夜を問わず極めて複雑な原子理論の計算に取り組んだ。1つのデータを試算するために、1日20時間以上働いた。1つのデータを計算するのに1カ月以上かかることもざらだった。解放軍が戦場で「粟と小銃」で強敵の飛行機と大砲を打ち砕いたように、新中国の科学者は手動式計算機とそろばんで、「両弾一星」という技術的難関を攻略したのだ。

１９６４年１月14日　濃縮ウランの生産に初成功。
１９６４年４月　原子力部品の加工に初成功。
１９６４年10月16日　初の核実験に成功。
１９６７年６月17日　初の水素爆弾実験に成功。
１９７０年４月24日　初の人工衛星「東方紅１号」の発射に成功。

新中国が「両弾一星」を持ったことに、世界中が驚愕した。新中国が「立ち上がった」だけでなく、「リードした」ことを外国の友人たちは称賛した。ある米国メディアは「中国はついに原子爆弾と水素爆弾を持った。さらに人工衛星の発射成功は、中国が大陸間弾道ミサイルを地球上のどこにでも発射する準備ができていることを意味する」と報じた。

長年、海外に移住していた多くの愛国者が帰国し始めた。そのうちの１人、国民党の名将、李宗仁の息子の李幼林はこう語っている。

「私の父は米国に居住していた間、３つの大きな出来事によって、中国共産党への見方を大きく変えた。１つめは、中国軍が朝鮮戦争で実力を発揮したこと。２つめは、インド軍が中国の領土に侵入してきたのに対し、中国軍が反撃して侵略者を国境の外に追いやっただけでなく、カルカッタにまで攻撃の手を伸ばしたこと。３つめは、中国が原子爆弾の製造に成功したこと。当初、原子爆弾を持てるのは米国とソ連だけで、この２大国がそれぞれ覇権を求め、世界を二分すると考えられていた。中国が原子爆弾を持ったことで、両国の独占状態を崩し、新しい３ヵ国の均衡関係を形成するようになった」

１９８８年10月、鄧小平は次のように指摘している。

「仮に１９６０年代以降、中国に原子爆弾、水素爆弾がなく、人工衛星も発射していなければ、重要な影響力を持つ大国とは言えず、現在のような国際的地位も持てなかった。こうした業績は一民族の能力を反映している。一民族、一国家が発展している証拠なのだ」

「両弾一星」の精神は、科学技術による強軍化の精神そのものである。これからの30年間、科学技術による強軍化の「長征」においても、新中国は世界一流の軍隊を建設するという偉大なる目標を必ずや成功裏に実現できるだろう。

### ②4・1％ vs. 42％——中米間における一流科学者の格差

科学技術による強軍化の核心は、「科学者強軍」である。両軍が対峙して戦場で血や火が飛び散ることと、科学者の研究所や実験室における業務とは緊密に関係している。現在、中国と米国など西側国家を比べると、世界一流レベルの科学者の数には大きな差がある。

ある資料によれば、現在、世界一流と言える中国人科学者の数は１００人余りで、世界全体の４・１％にすぎない。一方の米国は42％を占める。

新中国は建国後20年余りで、カネ、モノ、技術を欠く状況下にもかかわらず、「両弾一星」を達成した。その中心的役割を担った銭学森、銭三強、鄧稼先のような世界最先端の科学者や優秀な人材がいたからだ。毛沢東は銭学森に会った際、「米国人はあなたを５人分の師とみなしているようだが、我々にとってはあなたの力量はそれをはるかに上回る」と伝えている。

現在、中国は資金に困っていない。物質的、技術的な条件も大きく改善した。解放軍には革新性に富んで計算できる人材がいる。しかし、銭学森のような戦略的な科学者は極めてまれと言わざるを得ない。先端領域での突出した人材の数は多いとは言えず、科学技術による強軍化事業にとって深刻な問題となっている。

科学技術による強軍化を進めるためには全国の英才を結集しなければならない。重要な学術分野とイノベーションのための人材を育成して活用する態勢と制度を整え、世界水準の科学者集団を築き上げるのだ。

人材こそ最も重要な資源だという理念を持ち、大規模で優秀な国防科学技術の人材チームを育成していく必要がある。適切な待遇を用意したうえで、公正な競争ができる環境こそが、優れた人材が研究に集中する上での必要な条件となる。だが、多くの科学者が安心して研究に集中できていないのが現状だ。科学者という身分を忘れて政治的に動いたり、経費の獲得に奔走したり、過大に成果を報告したりするケースが後を絶たない。

このような状況を改善するうえで、「両弾一星」を実現した功労者たちの人物像を振り返ることには意味がある。

そのうちの一人、鄧稼先は、１９５８年秋に原子爆弾開発の任務を受けると、帰宅して妻子にこう告げた。

「仕事で異動を命じられた。これからは家庭や子供の世話ができなくなる。連絡すらつかなくなるだろう」

鄧稼先は約20年間、ゴビ砂漠で名前や身分を隠し、研究開発に従事した。死去して13年が過ぎた１９９９年、国家が「両弾一星」の功労者として表彰した際、国民は初めて鄧稼先という名前を知ったほどだ。

鄧が亡くなる前、幼馴染で著名な物理学者だった楊振寧が見舞いに来た。楊が「両弾を研究、開発したことで、国はいくらの賞金をくれたのか」と問うと、鄧は２本の指を立ててこう答えた。

「20元だ！　原子爆弾10元、水素爆弾10元だ」

鄧は生涯、小さな家に住んでいた。死去する1年前、国防科学技術工業委員会副主任（副部長級）に任命された。本来ならば幹部向けの豪華な住居に住むことができたが、元の古い家に住みつづけることを選んだ。鄧の家の家具は質素で、本棚と机、ベッドのほかには何もなかった。

「両弾一星」の精神は、新時代における科学技術による強軍化事業にとって、生きた教材であり、貴重な教訓でもある。

## ③科学技術による強軍化の先駆者

世界一流の軍隊をつくるには、一流の軍事要員、軍事理論、軍事科学技術が不可欠となる。そのためには、解放軍に軍事人材育成システム、軍事理論イノベーションシステム、軍事科学技術イノベーションシステムの構築が求められる。

それには軍系統の高等教育機関や科学研究機構が重要な役割を担うことになる。解放軍はこのほど、軍政改革によって、それまで77あった高等教育機関を44に統合し、国防大学と国防科学技術大学を再編した。軍事人材育成と軍事科学研究イノベーションシステムにおいては、中国人民解放軍の最高の軍事科学研究機構である軍事科学院のほか、作戦指揮人材育成の分野での最高学府である国防大学、軍事科学技術研究の最高機関となる国防科学技術大学の3つを戦略的拠点とした。

今回の軍事高等教育機関、科学研究機構、訓練機構をめぐる改革は、戦争に備えることに焦点を当て、システムの再構築、全軍における高等機関の教育、部隊訓練の実践、軍事職業教育という三位一体の新しい軍事人材育成システムの構築を目指している。軍事人材育成と軍事科学研究をめぐるイノベーションは、時代遅れの教育や科学研究、訓練のモデルから脱皮し、新たな段階に入ったのだ。

現在の解放軍において、合同作戦指揮を担う人材の育成、軍事理論の研究、国防科学技術のイノベーションは、情報化戦争で勝ち抜くには、世界の軍事強国とまだ大きな実力の差がある。これには体制上の問題だけでなく、長年にわたるリーダーシップの不在や、教育・研究機関の運営、学問、教育、科学研究の不十分さという問題が関係している。

情報化時代における軍事教育家と軍事理論家には、ハイテクに関する思考と素質がなければならない。軍事科学研究をめぐる理論と技術を融合し、イノベーションに果敢に挑むことで、中国の特色ある軍事人材の育成と進路を切り拓いていかなければならない。

また、軍の教育研究機関には、清廉さと実直さが求められる。高水準の人材も、質の高い成果も清廉さと実直さから生まれる。教育機関が官僚的だったり、金銭や名声を得る場になってはならない。近年、市場経済や社会問題の影響を受け、軍隊における教育や科学研究に不正がはびこっている。名声ばかりを求めることで、投機的な行為や学術における不正、論文の盗作などの問題もしばしば起きている。

世界一流の軍事科学研究機構や総合的合同指揮大学、高等教育機関をつくることは、今回の変革における重要な目的だ。２０１７年7月19日、習近平主席は、新たに再編された軍事科学院、国防大学、国防科学技術大学に軍旗を授与した際に次のように強調した。

「科学技術による強軍化戦略を実施するため、世界一流の軍事科学研究機構、総合的合同指揮大学、高等教育機関を建設し、軍事人材の育成と軍事科学研究工作の分野で新たな局面を開拓する必要がある」

## ④科学技術による強軍化——指導幹部に求められる「3つの頭脳」

戦略、戦役、戦術は、歴史的に技術と密接に関わっており、現代戦争においてはより緊密に結びついている。軍の指導幹部は、政治的頭脳と軍事的頭脳だけでなく、科学技術的頭脳も持たなければならない。

日本とロシアの両海軍は１９０５年５月、対馬海峡で日本海海戦を戦った。ロシア艦隊の無線設備は日本海軍よりもかなり進んでいたが、ロシア艦隊の指揮官は科学技術の素養で劣っていた。ロシア艦隊が夜間、対馬海峡に差しかかったところで、日本の哨戒艦が観測のための強い信号を発していたにもかかわらず、ロシアの指揮官はそれに気づかなかったため、日本艦隊に発見されて攻撃を受けて惨敗した。

毛沢東は、各階級の指揮官は軍事技術の専門家でなければならないと指摘した。これは、指揮官の軍事技術における素養が戦争の勝利にとって重要であることを示している。

ロシア軍は最近、全軍規模で科学中隊を組織し、戦闘指揮や建設発展において科学技術の運用を進めている。解放軍も兵士の科学技術の素養を向上させるため、各研究所や装備開発機関を活用していくべきだ。

# 第10章　富国強兵の鍵となる軍民融合

習近平国家主席は、第19回共産党大会の報告のなかで「我々の軍隊は人民軍であり、我々の国防は全人民による国防である」と指摘した。我々が備えなければならない戦争は、国家の安全を守り、世界の平和を守る人民戦争なのだ。人民軍、人民国防、人民戦争を実践するには、新時代中国が、発展と安全の両方を考慮しつつ、富国と強軍を統合し、軍民融合の発展の道を進み、広い分野における軍民融合を進めていくことが求められている。

人民軍は人民を愛している。全身全霊で人民に奉仕することが、解放軍の根本的な任務だ。そして、全身全霊で同僚や弟子を愛し、烈士の遺族・現役軍人の家族・傷痍軍人を優遇して救済することは、国家の基本政策であり、全国民の共同義務でもある。全国民の国防観念を増強して、軍隊の士気を高めることで、軍隊と人民が一体となり、この世界で誰が敵となり得るかを見極めることができるようになる。

富国と強軍という2大目標を統合し、発展と安全という2大事業を調和させ、経済と国防という2つの力を統合し、軍民融合を深い次元で発展させること。これが新時代中国の国防大戦略である。

## 1　国家競争力、社会生産力、軍隊戦闘力の〝三位一体〟

軍民融合は西側国家、とくに米国の1つの強みとなっている。これと対照的に、軍民分離は軍拡に明け暮れた冷戦期のソ連の弱点だった。冷戦期、米ソ両国の軍事競争を通じて、ソ連が最終的に敗北した主な原因は、米国の軍事メカニズムが軍民融合だったのに対し、ソ連の体制が「軍民分離」だったからだ。ソ連の教訓の1つは、計画経済と市場経済の関係性に見出せる。ソ連には計画経済があり、市場経済がなかった。単一的な計画経済は生産力の発展を制限した。ソ連経済が成長しなかったために、軍事力を支えることができなかった。2つめの教訓は、国防建設と経済建設の関係性に見出せる。ソ連は軍民分離であり、米国は軍民一体だった。

軍民融合は、習近平時代の中国にとって新たな局面を切り開く注目点となっている。21世紀、中国の特色ある市場経済は、発展の奇跡をもたらした。中国の市場経済の活力、原動力、潜在力、総合的経済力は、米国に追いつき、追い越そうとする段階となった。中国の軍民融合は「高速道路」を走っており、遠くまで順調に走り続ける上での強固な基礎を築いている。

軍民融合に基づいた富国強軍の道を歩むことで、国家の戦略競争力と社会生産力、そして軍隊戦闘力の結合を実現することは、時代の流れであると同時に、守らねばならぬ規律でもある。新たな科学技術革命、産業革命、軍事革命が急速に進むにつれて、国家の戦略競争力、社会生産力、軍隊戦闘力の結合と関連性はますます強まっている。主要国家は、科学技術分野における軍民融合への投資を増やしており、軍事能力と産業能力を大幅に向上させるための革新的な技術を発展させている。技術革命を集合的に引き起こし、激しい戦略的競争と軍事競争で優位な立場を独占し、相手国の非対称的な軍事能力を弱めようとしている。

中国はいま、ライバル国との実力差がこれまで以上に開きかねないという厳しい局面に立たされている。軍民協調のイノベーション能力を増強させ、急速に成長する科学技術能力とイノベーション能力を軍事力に転用することで、先進的な武器装備の発展を加速させ、比較優位と非対称な軍事能力を打ちたてて、主導権をしっかり握らなければならない。

長年にわたって蓄積してきた国防科学技術を民間向けに転用していくことは、軍民融合にとって重要な事業だ。それによって、一連の新しい技術や商品、産業を生み出すだけでなく、構造改革をより促進し、経済成長の内在的な原動力を増強させ、ハイテク産業の発展を促すことにつながるからだ。実際、「両弾一星」や「有人宇宙飛行」といった大型プロジェクトは、ハイテク産業群の急速な発展を促進してきた。中国版GPSである北斗衛星測位システムの産業チェーンに加わる企業は1万社以上で、年間生産高は1000億元（約1兆9000億円）に上る。

国防建設によって経済建設を促進していくことには、中国にとって特別な意味がある。中国経済は「新常態」〔高度成長期後の新たな段階〕に入っており、伝統的な発展による推進力や効果が衰えているなか、国防建設の経済建設への波及効果と促進作用によってこれを補う必要が出てきているからだ。軍用の技術や人材、設備を国民経済の領域に開放して転用していくことで、新たな発展空間を切り拓き、経済発展モデルの転換と構造改革を促すことにつながるのだ。

新時代の軍民融合によって、新興分野を成長させていかなければならない。戦略的競争で新たに優位に立つためには、伝統的な分野から、海洋、宇宙、サイバー、バイオ、再生可能エネルギーといった新興分野における軍民融合を進める必要がある。

## 2　軍民融合の領域で中国と先進国の間にはどれくらいの差があるのか？

情報化戦争における競争は、軍事面の攻防だけでなく、国家の総合力を基礎としたシステムでも繰り広げられている。総合力を最大限に集約できる国家が、軍事競争でも優位になることができるのだ。先進国はなぜ先進的なのか。米国はなぜ強大なのか。1つの重要な指標と要因として、軍民融合のレベルが高く、経済建設と国防建設が一体化していることが挙げられる。現在、先進国において軍事専用の技術は15％だけで、軍民共通技術は80％を超えている。米国防総省の統計では、軍用と民用の核心技術のうち80％が共通しており、ロシアでも70％以上に上る。一方、中国の軍民融合度は30％程度であり、先進国の水準から大きくかけ離れているのが現状だ。

　中国の軍民融合が遅れているのは、民間企業が軍事産業に参画する際に高い障壁があることが要因となっている。軍民融合には、軍事の民間転用と併せて、民間企業による軍需産業への関与という2つの側面がある。２０１７年1月、共産党中央は中央軍民融合発展委員会を新設し、軍民融合の発展を中央が統一的に指揮していくことを決めた。共産党と軍が内部で実施した科学研究機関への調査結果によれば、60％の機関が「業界全体の閉鎖性と独占体制が、民間による軍需産業への参画を妨げる原因となっている」と回答した。また、解放軍から情報を得たり、正規に参入したり、公平に競争したりするのが難しいという「三大問題」について、「根本から解決しなければならない」とも認識していた。

　新時代において軍民融合を大胆に進めるためには、4つの深刻な問題を解決しなければならない。1つめは、思想と認識が時代に追いついていないという問題。一部の幹部は依然として、システムを自己完結できると思っている。閉鎖的で自己保身的な考えにとらわれ、社会全体が国防や軍隊建設に参画することに対して不信と不安を抱いているが、問題が起きて責任を取らされるのを恐れているにすぎない。2つめは、運営面のメカニズムを改善する必要があるという問題。3つめは、経済建設と国防建設において資源の統合と共有が十分でないという問題。4つめは、政策と制度が相対的に遅れているという問題。

こうした問題を解決するには、軍民双方の努力が不可欠だ。軍隊は自己完結できるなどという閉鎖的な考え方を捨て、民間の軍事参入と軍事技術の民間転用のための障壁を取り除かなければならない。

## 3　「トッププロジェクト」で軍民融合を国家大戦略に格上げ

新時代に入り、軍民融合は中国強軍化のための偉大なる戦略プロジェクトとなった。中国の執政党、国家、軍隊の最高指導者がみずから設計、企画し、政策決定をして推し進める「トッププロジェクト」に格上げされたのだ。第18回共産党大会以降、中国の軍民融合は新たな局面を切り拓いており、その経緯を振り返りたい。

２０１３年11月　共産党の中央委員会第３回全体会議（３中全会）が、軍民融合体制の改革を国防と軍隊改革における重要任務に決定。

２０１５年３月　習近平主席が、第12期全国人民代表大会第３回会議の解放軍代表団全体会議で、軍民融合の発展を国家戦略に格上げすると宣言。

２０１５年10月『中国共産党の国民経済と社会発展をめぐる第13次５ヵ年計画制定に関する提言』に経済建設と国防建設の融合的な発展の推進を明記。

２０１６年７月　中国共産党、国務院、中央軍事委員会が『経済建設と国防建設の融合的発展に関する意見』を発表し、新たな情勢下で軍民の深い次元での融合的発展を推進するために、トップダウンの指導と政策綱領を提示。

２０１７年１月　中央政治局が会議を開き、中央軍民融合発展委員会の設立を決定。習近平主席が主任に就任し、軍民融合発展における重要な問題で意思決定をしていくことになる。

２０１７年３月　習近平主席が第12期全国人民代表大会第５回会議の解放軍代表団全体会議に出席した際、経済社会の発展と科学技術の進歩という基盤に基づき、時代や情勢の流れに乗って、軍民融合発展戦略を実施し、軍民融合イノベーションのシステムづくりを加速させるように指示。

2017年6月　習近平主席が、中央軍民融合発展委員会の第1回全体会議を主宰。軍民一体化の国家戦略システムを構築するための研究と調整を実施。会議は『中央軍民融合発展委員会工作規則』、『中央軍民融合発展委員会弁公室工作規則』、『中央軍民融合発展委員会短期工作要点』、『省（区、市）軍民融合発展領導機構、工作機構設置に関する意見』を審議、採択。4人の中央政治局常務委員が会議に出席し、一度に4つもの文書を採択したのは初めてのこと。習主席は軍民融合をより良く、より速く進めていくべきだと指示。

習主席は中央軍事委員会主席に就任して以降、毎年、全人代解放軍代表団全体会議に出席し、重大な戦略を打ち出している。その戦略こそが軍民融合なのだ。

## 4　中国の特色ある軍民融合——目標と戦略的体制

軍民融合を発展させるうえでまず目指すのは、軍民一体化を基礎とした国家戦略のシステムと能力を構築することだ。実質的には、軍民という2大体系において資源配置を一体化すること、経済建設と国防建設の総合的な効果を最大化することを意味する。

中国の特色ある軍民融合の発展の方法とは、①集中的で統一的な領導、②組織管理、業務運営、政策制度の各システムの改善、③国家の各分野における戦略的な融合、戦略的資源の一体化、戦略的能力の一体運用からなる。

新時代の中国の軍民融合は、時代の要求に沿う形で、「一帯一路」建設など重大戦略のほか、対外経済協力と国防戦略を有機的に結びつけ、国防建設と経済社会の発展の双方を促進し、経済建設と国防建設の総合的な効果を最大化することを目指している。この分野での対外開放と国際協力をしっかりと拡大することも検討すべきだ。軍民融合にとって大きな潜在力を持つ重点分野に焦点を絞り、インフラ建設、国防科学技術産業、武器装備調達、人材育成、軍隊保障の社会化、国防動員といった分野での積極的な推進が求められる。とくに、海洋、宇宙、サイバー、バイオ、再生可能エネルギーといった分野は軍民の親和性が高い。新興分野で軍民融合の発展を加速していくべきだ。

## 5　新時代の中国軍民融合は「追い越し車線」に

2012年の第18回中国共産党大会以降、中国の軍民融合は、習近平主席みずからが設計、差配しており、直接指導をしてきた。その結果、イノベーションを切り拓いて、「追い越し車線」に入って進展を加速させ、成果を挙げている。

海外における軍事開発の分野においても、軍民融合がしだいに進んでいる。「第13次5カ年計画」が提示した21の重大模範プロジェクトはすでに始まっており、航空機エンジン、ガスタービンエンジン、深海探査艇、などがその例だ。

南シナ海の南沙諸島における永暑礁〔ファイアリー・クロス礁〕、渚碧礁〔スビ礁〕、美済礁〔ミスチーフ礁〕という3つの島礁におけるインフラ建設はすでに完成している。海洋、宇宙、サイバーといった分野で、人工知能を使った海洋調査のほか、火星探査、「一帯一路空間情報回廊」といった重大プロジェクトも急ピッチで進んでいる。重点分野における立法も進められており、資金源も確保されている。省、市、軍事企業、社会団体のなかには、産業投資ファンドを立ち上げ、軍民融合の発展を推進する動きもみられる。

軍民融合は人材育成の面でも重大な進展を遂げており、優秀な人材が軍隊に入るようになっている。陸軍戦車、海軍戦艦、空軍戦闘機、ロケット軍陣地といった分野において、国内の著名な大学から卒業後に入隊する若者が増えている。2016年の時点で、軍全体が毎年募集する1万人近い国防学生が履修した専門の95％は、軍隊現代化にとって急務の分野である。2017年からは、国防学生の募集政策でも改革が行われ、地方の大学卒業生から直接選抜する制度を築いた。清華大学、北京大学、浙江大学、復旦大学などの著名な大学を卒業した人材がより多く入隊するようになっているのだ。たとえば、空軍と清華大学は合同でパイロットを育成するプログラムをつくり、空軍にとって重要な人材の獲得につながっている。入隊の門戸を文系の学生にも広げ、社会におけるより多くの優秀な人材を軍隊建設に奉仕させなければならない。

# 第11章　世界一流軍隊実現の要は海洋にあり

第18回中国共産党大会では、「海洋強国の建設」という重大な政策を打ち出した。続く第19回党大会で、習近平国家主席は「陸海を統合、協調して、海洋強国の建設を加速させる」と強調した。21世紀、人類は海洋を大規模に開発して利用する時代に入った。国際政治、経済、軍事、科学技術競争における海洋の戦略的な重要性は上がっている。新時代の中国海洋事業も発展期を迎えた。中国は陸上大国であると同時に海洋大国でもあり、広大な海洋に戦略的な利益を持つ中華民族の偉大な復興を実現するためには、陸海を統合、協調させ、海洋に依拠した富国と強国の道を歩んでいかなければならない。海洋強国の建設に尽力し、世界一流の海軍を一刻も早く打ち立てよう。

## 1 「陸権中国」から「海権中国」へ

中華民族の偉大な復興を実現するためには、正しい「世界観」を持たなければならない。現代人類の世界観と古代人類の世界観の大きな違いの1つは、陸地の視野を超越した「海洋観」である。世界近代史と古代史の大きな違いの1つは、「大洋史」と「大陸史」の相違と言えよう。現代化と国際化の発展の流れと、人類が海洋を目指して開発する歩みは一致している。

## ①世界海洋の実態

海洋は、総面積３・６億平方キロメートル、地球の総面積の71％を占める大きな宝庫である。海洋に眠る鉱物資源と生物資源は、陸上の１０００倍に上り、地球上の約85％の生物の種が海洋で生活している。世界の海洋で開発できることがわかっている資源のうち、海洋生物資源は23万種あり、うち魚類は１・９万種あり、重要な漁獲対象は８００種、漁獲量は２～３億トンとされる。全世界の海洋で採掘できる石油の埋蔵量は約１３５０億トン、天然ガスは約１４０億トンあり、それぞれ陸地で採掘できる石油と天然ガスの埋蔵量の51％と42％をそれぞれ占める。全世界におけるガスハイドレートの98％は海洋に埋蔵されている。ガスハイドレートに含まれる炭素の量は、石炭、石油、天然ガスの２倍に当たる。海洋における再生可能資源は約70億キロワットあり、全世界における発電能力の十数倍になる。世界の水資源の97・３％は海洋にあり、海水資源は無限の資源といえ、開発利用のポテンシャルは巨大だ。世界の海水には塩、カリウム、ヨウ素、臭素、金、ウランといった鉱物が含まれており、それを地上で積み重ねると高さが１５０メートルになるほどだ。国家の管轄外にある国際海域にも豊富な資源があり、商業的にも潜在的な採掘価値のある金属、鉱物資源がある。うち、鉄・マンガン団塊資源は７００億トン、コバルトリッチクラストは２１０億トンある。海底には、塊状硫化物鉱床が４億トン以上眠っている。海洋経済は、世界経済にとっての新たな成長の原動力となっている。現在、海洋を開発する「海洋産業」は20を超えており、海洋経済の生産高は、世界の国内総生産（ＧＤＰ）総量の４％を超えている。

海洋とは「青い国土」であり、戦略的な「新領土」ともいえる。国連海洋法条約によれば、全世界には約１５０の海洋国家があり、領海、排他的経済水域、大陸棚を含めた管轄海域を主張する権利を持っている。その総面積は約１・09億平方キロメートルで、海洋の約３割を占めている。領海とは国土の一部だ。排他的経済水域、大陸棚における自然資源はその海洋国家に属する。国際海域としての公海や国際海底区域は約２・５億平方キロメートルあるが、それらは、世界のすべての国家に開発利用が可能な「公地」である。すなわち、中国が開発利用できる戦略的な「新領土」なのだ。

### ②大国の命運５００年――海に向かえば繁栄し、海に背けば衰退する

世界の近代史は、西側国家が海洋に軍事進出したことから始まった。近代世界と古代世

界の大きな相違点は、「海権時代」と「陸権時代」の違いといえる。14世紀以前、海洋の利用は沿岸の人々の漁業、塩業、交通に限られていた。

15世紀になると、海洋は、西側の強国が海外の財や富を略奪する場所となった。植民地主義と資本主義の誕生に加え、航海技術の進歩にともない、欧州列強は遠洋航海を競うようになった。新たな航路の開拓によって、世界政治経済における海洋の役割は増大した。ポルトガル、スペイン、オランダの3カ国は先駆的な存在で、アングロサクソンによる世界覇権の追求の道を切り開いた。その後、ロシア、英国、米国、ドイツ、日本も海洋強国となり、世界強国になった。資本主義の台頭と発展は、海洋と切っても切り離せない。封建主義の地政学的特徴が「陸地主義」だとすれば、資本主義の地政学的特徴は「海洋主義」と言ってもいいだろう。

「海権」とは、近代世界の象徴であり、基礎でもある。近代世界の主導権とはまず制海権のことを指す。500年におよぶ大国の盛衰史は、まさに大国が制海権を競った盛衰の歴史だったといえる。近代の世界大国は例外なく海洋強国だ。海上における影響力を増して制海権を得て、貿易港を開拓し、国際資源を占有することで、海外における利益の獲得につなげていった。

一方、中華民族は陸地民族だったため、時代に遅れをとった。古代ローマの哲学者であるマルクス・トゥッリウス・キケロは「海洋を支配した者が世界を制する」と語った。アルフレッド・セイヤー・マハンは『海上権力史論』のなかで、「帝国の盛衰にとっての決定的な要素は、海洋を支配したかどうかにかかっている」と指摘した。1990年代以降、人類の「海洋観」は新たに飛躍した。海洋は世界交通の通路であるとともに、地球環境にとっての調節装置であり、人類の持続可能な発展にとっての支柱となった。

中国は覇権の野心を持つ国ではない。一方で、近代の中国は「海権」への勇気ある行動に欠ける国でもあった。その結果、覇権国家から海上侵攻を受けるという災難に遭ってしまった。中国戦国末期の著名な思想家、韓非子（紀元前280～233年）は「心を山海に歴《っ》けて国家富む」と喝破した。15世紀には、鄭和が西側諸国よりも早く大航海を果たしている。中国は、世界の制海権を競う先見の明を持っていたにもかかわらず、世界を植民地化せずに覇権を握ろうとする拡張的な野心がなかったため、海権強国になれなかった。中国は明朝中期になると、海洋に向かうどころか、「海禁政策」を打ち出して、海洋開発と海運交通をみずから規制してしまったのだ。その結果、19世紀になると、西側列強に海上から侵略され、中国は半植民地化されてしまった。共産党の内部資料によれば、184

０～１９４０年の１００年間、中華民族が海上から侵入された回数は延べ４７９回に及び、うち比較的大きな侵入は84回あった。侵略してきた艦船は１８６０隻以上、兵力は47万人以上に上った。孫文はかつてこう言った。

「制海権について、みずから主導権を握れば生き残り、他者にそれを奪われれば滅びる」

### ③海洋に向かうことで、中華は初めて復興する

アジア大陸の東部、太平洋西岸に位置している中国は、大陸国家であり海洋国家でもある。中国の国土面積は９６０万平方キロメートル、南北は５５００キロメートル、東西は５２００キロメートルある。中国大陸の東側と南側はいずれも海に面しており、渤海、黄海、東シナ海、南シナ海に接している。北は中朝国境の鴨緑江から、南は中越国境の北崙河まで、全長約１万８０００キロメートルにおよぶ。中国は５００平方メートル以上の島を６９００余り持っている。国連海洋法条約と国内法によれば、中国が主張できる管轄海域面積は３００万平方キロメートルあり、うち陸地領土と同等の法律的地位を持つ内水は約40万平方キロメートルある。中国の３００万平方キロメートルの「青色国土」は、陸地の９６０万平方キロメートルの３分の１に相当する。中国の海域は中、低緯度地帯にあり、

自然環境や資源条件は良好だ。

今日の世界では、新たな海洋強国のブームが起きている。２００２年以来、世界海洋大国と中国周辺の隣国、たとえば米国、日本、ベトナムは新たな海洋戦略や計画を次々に打ち出している。中国は陸と海を兼ね備えた国家として、世界で６つの海洋権益を持っている。①国家が管轄する海域の海洋権益、②世界のシーレーンを利用する権益、③公海で生物資源を開発する権益、④国際的海底における富を共有する権益、⑤海洋安全保障をめぐる権益、⑥海洋科学研究をめぐる権益である。

中国が21世紀において生き残って、発展し、復興していくためには海洋が不可欠だ。中国の人口は世界全体の22％を占めており、国民１人あたりの資源量は世界平均よりもだいぶ少ない。中国の資源需要は２０２０〜２０３０年にピークを迎えると予想される。２０３０年の時点で、中国の人口は16億人に上り、食糧需要量は１・６億トン増えると予想される。中国の経済と社会が持続的な発展をする過程で受ける資源環境面での圧力は、しだいに大きくなっていく。だからこそ、海に向き合って新たな境界を切り拓いていかなければならないのだ。

中国が海洋権益で直面する深刻な問題は、海洋安全保障上の脅威と海洋権益をめぐる紛争だ。中国は主張可能な管轄海域の面積は約３００万平方キロメートルのうち、半分以上の海域で他国と争っている。海洋地政学から見ると、中国海域は多層的な列島線によって封鎖されており、米国、日本、韓国、オーストラリアなどが「海上同盟」を結成し、周辺国を巻き込みながら、中国を標的とした海上包囲線を構築している。中国の海洋権益を守るプロセスは、島嶼主権、海域境界線、資源紛争といった問題にも関わってくる。

## 2　毛沢東から習近平へ——新中国海洋戦略3段階

新中国海洋戦略は、３つの段階に分けることができる。

### ①「新中国海洋戦略1・0」——毛沢東の海洋戦略

新中国は建国当初、覇権国家から陸上、海上の双方からの侵略と干渉を受けた。陸地ではソ連による脅威が長期的に存在し、海上では米国が軍事的な封じ込めによる包囲網を構築することで中国を封鎖して孤立させようとした。

　新中国建国後の30年は、国防の重点は陸上にあり、海上は二の次だった。毛沢東時代の海洋戦略の中心は、相手国に恐怖を与える強大な海軍を建設し、国境や海上での防衛を強化し、外敵の侵入を阻止して国土の安全を守ることにあった。１９５８年、中国政府は領海の海域を基線からその外側12カイリ（約22キロメートル）と宣言した。あわせて、本土大陸、沿海島嶼、台湾周囲の各島、澎湖列島、東沙諸島、西沙諸島、中沙諸島、南沙諸島、およびほかの中国に属する島嶼の領土主権について領有権を主張したうえで、海洋主権の海域を策定した。

毛沢東時代の海洋戦略は、中国の海洋利益の基礎を築いた。新中国第１段階の海洋戦略にとって核心的な関心は、国家の海洋権益を死守し、国家が生き残ることを保障することにあった。

### ②「新中国海洋戦略２・０」——鄧小平の海洋戦略

１９８０年代以降、３つの戦略的変化が、中国海洋戦略の発展をもたらした。

１つめの戦略的変化は、国際社会で平和と発展が時代の趨勢となったことだ。中国は「早めに、大規模に、核兵器を使って戦う」という緊迫した情勢に長期的に備えてきたが、これが根本的に変わった。

２つめの戦略的変化は、新中国が毛沢東時代の約30年にわたる海軍建設を経て、海上からの侵略や脅威から身を守る戦略的な能力を飛躍的に増強させ、海上において大規模な軍事的侵犯に遭う危険性を基本的に取り除くことができるようになったことだ。

3つめの戦略的変化は、中国国内で経済建設が国策の中心となり、改革開放政策を実行していくことが重点となったことだ。

こうした3つの戦略的変化に基づき、鄧小平時代の海洋戦略は、経済の開放と発展に軸足を移したのだ。鄧小平は次のように語った。

「海洋に進軍することで、人民に恩恵をもたらす。海洋事業を発展させ、国家経済を振興させていく」

中国は海洋を通じて国の門戸を開いて、世界に進出し、グローバリゼーションとも融合して、経済成長を促した。中国の対外開放とはまさに、海洋の開放であり、海外への開放なのだ。経済特区の設立を通じて沿海地域における先行的な開放と発展を実現しようとした。国家の海洋権益を守り、周辺国家との領有権紛争を解決するため、「主権は我が国にある」という原則を守りつつ、「争いを棚上げして、共同開発する」という協力と互恵関係を提示してきた。鄧小平時代の中国海洋戦略にとって核心的関心は、国家海洋の安全を守るという基礎の上で、海洋資源を重点的に利用し、着実に開発し、国民経済の発展を加速させたことにあった。

### ③「新中国海洋戦略３・０」——習近平の海洋戦略

21世紀に入り、中華民族の偉大なる復興にとって、海洋戦略の重要性はさらに増している。中国経済にとって活力と潜在力に最も富んでいる中国東部の沿岸地域は、海洋に依存している。中国が築き上げてきた経済発展は、シーレーンの安全によって守られている。中国は世界の大国として、国際社会における戦略的空間の開拓と海外における権益の安全を、強大な海洋能力によって守っていかなければならない。国際社会はいま、１００年に一度の大変革期を迎えており、海洋における情勢にも変化が生じている。世界の大国、とくに沿海国家の戦略的地位に占める海洋の役割が急速に高まっているのだ。

習近平主席は２０１２年の第18回共産党大会で、「海洋強国の建設」を打ち出した。中華民族の偉大なる復興という「中国の夢」を実現するため、海洋にさらに関心を向け、影響力を強めていく考えを示した。また、習主席は中国の正当な権益を絶対に放棄してはならず、国家の核心的利益を絶対に犠牲にしてはならないと強調した。

２０１５年5月に発表された『中国の軍事戦略白書』は、これまでの「近海防御型」の海洋戦略から「近海防御＋遠海護衛型」に転換して、複合的かつ効率のいい海上戦闘力を構築することを求めている。

我々はあらゆる複雑な局面に同時に対応するための準備をしなければならない。そのためには、海洋権益を守る能力を向上させなければならない。中国の海洋発展は近海に限定されてはならない。いまや中国の海洋利益は太平洋、インド洋、大西洋、北極、南極にまで及んでいるからだ。

中国が海洋戦略において解決しなければならない歴史的な任務は3つある。

（1）長年抱えてきた海洋権益と海洋安全をめぐる問題を解決し、周辺国家との海洋権益をめぐる紛争を解決すること。

（2）国連海洋法条約が中国に付与する海洋権益を着実に行使して保護すること。

（3）法に基づいて海洋権益の境界線を切り拓いていくこと。

中国の海上における実力を速やかに増強し、海洋権益を断固として守り、海洋に向かって新たな戦略的境界を開拓していくことが求められている。海洋強国と世界一流の海軍の建設によって、中華民族の偉大なる復興という「中国の夢」を構築していくのだ。

## 3　陸海統合——新時代中国が海洋強国を建設するための大構想

中国には数千年にわたる「陸上強国」としての輝かしい歴史があるが、海洋面では遅れをとってきた。習近平国家主席による新時代の中華民族が、海洋強国を建設するための戦略的設計は、戦略目標と戦略的局面に表れている。

### ①中国が海洋強国を建設する「戦略目標」

「戦略目標」は、具体的には3つの分野に分かれる。

（1）海洋経済目標——海洋経済の規模は大きいだけでなく、構造は合理的で、潜在的な発展の可能性を秘めており、国民経済に大きく貢献できる。

（2）海洋力目標——強大な海軍を主力とした海上での総合的能力によって、領海、島嶼のほか、排他的経済水域、大陸棚主権、管轄権などの主権を守り、世界中のシーレーンの安全を保障する。

（3）海洋権力目標——東アジア地域だけでなく、世界において海洋政策の主導権と発言権を持つ。

### ②中国が海洋強国を建設する「戦略的局面」

「戦略的局面」には4つの内容が含まれる。

（1）「海洋思想」の樹立——「海洋強国の夢」と「中国の夢」を結びつけ、海洋を国家戦略の重点に置く。中国を強くするためには、陸地だけでなく、海上における実力を増強しなければならない。

（2）「海洋探査」の展開——極地を含む国際海底区域に眠る資源の調査や探査を積極的に実施し、新資源を見つける。

（3）「海洋開発」の実施——世界の海洋空間を利用し、海洋資源を開発していく。まず中国の沿岸および近隣海域を優先的に開発し、大陸棚と排他的経済水域に重点を移していく。

（4）「海洋保全」の推進——海洋の生態環境やシステムを保護する。

## 4　中国海軍の夢——世界一流の海軍を建設する

近代世界における大国間の戦略的競争の基本的特徴は、海軍が「海権」を創り出すことにある。海洋強国はいずれも海軍強国である。強大な海軍なくして、海洋の権利を持つことはできない。新時代の中国が海洋強国を建設し、世界一流の軍隊を建設するには、世界一流の強大な海軍を建設することが必須となる。

## ①陸権時代から海権時代へ

近代世界は大航海から始まった。近代世界における覇権国家はいずれも強大な海軍を持ち、海を以て陸を制するだけの能力と実力を兼ね備えていた。近代世界の一流軍隊とは一流の海軍を持つ軍隊であり、海戦が勝敗を決めていた。

海戦とは、大国間の戦略的競争にとって最終的な決戦であり、大国の地位と命運を決める重要な戦場だった。近代史において、英国が世界覇権を取ることができたのは、海軍を持っていたからだ。

英国は１５８８年、アルマダの海戦でスペインの「無敵艦隊」を打ち破った。続く17、18世紀には、オランダを3度倒している。１８０５年のトラファルガーの海戦ではフランスとスペインを破り、第1次世界大戦でドイツを打ち負かした。

古代中国には「中原を支配する者が天下を取る」という名言があった。同じように近代世界には「海を支配する者が覇権を獲る」という戦略的な教訓がある。世界が大航海時代に入って以来、海洋は大国が必ず争う地となり、大国間攻防にとって重要な舞台であり続けた。歴史上現れた世界の強国は、「無敵艦隊」のスペイン、17世紀のオランダ、「日の沈まない帝国」と称された英国、『海上権力史論』で世界制覇を指導した米国を始め、ほぼすべてが海洋強国で、強大な海軍を有していた。１５８８年のアルマダの海戦、１８０５年のトラファルガーの海戦、１９０５年の日露間の対馬沖海戦、１９４２年の日米ミッドウェー海戦は、これらの国家の命運を大きく変えた。海軍が強く、海権が強ければ、国が栄えるというのが歴史の教訓なのだ。

　中華民族の海洋文明は、欧州よりも早く始まったにもかかわらず、中国海軍建設は欧州にはるかに遅れをとってきた。中国は歴史上、海上シルクロードと、鄭和による7度におよぶ遠征という栄光があったのに、閉鎖的な海禁政策を取ったことで、海権を弱める結果となった。

　中国には長期にわたり、世界一流の「海商」が存在したが、世界一流の「海軍」を持っていなかった。近代に入り、西側列強は軍艦を派遣し、海上から頻繁に中国へ侵入して、不平等条約の締結を迫った。日清戦争では、北洋艦隊が全滅した結果、侵略者は意のままに中国に侵入して、中国人民を殺害することができたのだ。その後締結された下関条約では、日本の朝鮮支配を承認したほか、遼東半島、台湾、澎湖諸島を割譲した。台湾問題はこの時に残された禍根なのだ。歴史の教訓は何とも痛々しい。海に真剣に向き合えば国は振興し、怠けて背けば衰退するのだ。海を制することができなければ、海によって制される羽目になるのだ。海軍が強くなれば国は強くなる。その逆もまたしかりである。

## ②海戦――未来戦争の主戦場

海戦が中国の未来戦争にとっての主戦場になる。海洋安全保障が中国の経済安全保障にとっての生命線になりつつあるからだ。米国国防総省が２０１９年に発表した中国の軍事力に関する報告によると、中国は40カ国以上の石油、天然ガスの開発プロジェクトに参加している。国際エネルギー機関（ＩＥＡ）のデータによれば、２０１８年、中国は71％の石油を輸入に頼っているが、２０３５年には80％前後にまで増え、天然ガスも２０１８年の44％から２０３５年には46％にまで増える。そのうち、78％の石油と16％の天然ガスを南シナ海とマラッカ海峡から輸入している。毎年６万５０００隻の貨物船がマラッカ海峡を通過しており、うち４万隻は中国に向かう船である。仮にシーレーンの安全に問題が起こった場合、それは我が国の国家経済の命脈が断たれることを意味する。

海洋こそ、米国が中国を封じ込めるための主戦場だ。現在、黄海、東シナ海、台湾海峡、南シナ海の各方面から、海上における戦略的封じ込めを強めている。今日の中国は四面楚歌の状態にあるのだ。

解放軍の過去90年の戦史は、主に「陸戦史」であった。21世紀の中国が世界の中心的役割を果たすうえで直面する戦略的脅威は、海上からのものであり、軍事闘争の主要な戦場は海戦だ。海戦を制してこそ、国家統一を実現し、強敵による包囲を打ち破ることができるのであり、海戦こそ、民族復興を実現するための「主戦場」なのである。

21世紀の中国は、海権をめぐって世界で最も矛盾とジレンマを抱えた国家である。昨今の海洋地政学の環境は、中国にとって相対的に不利といえる。北朝鮮、韓国、日本、フィリピン、マレーシア、ブルネイ、インドネシア、ベトナムの8カ国との間で、中国は海洋権益をめぐる主張がぶつかっており、多くの島嶼が一部の周辺国家に占領されている。朝鮮半島は、歴史的に中国の戦略的安全と黄海、渤海の安定に重要な影響を与える地域であり、半島情勢のコントロールは難しい。台湾問題は統一の大事業に関わり、海洋権益にも影響する重要な要素である。米国と日本は海上を通じて中国を封じ込め、包囲しようとしている。これらの問題は、国家の統一や地政学的な矛盾、大国間の戦略的競争と関連しており、海上での局地的戦争や武力衝突を引き起こす可能性は常にある。海上で中国を標的とする戦争が発生すれば、真っ先に戦場に突っ込むのは海軍で、いつでも戦えるように準備し、必ず勝たなければならない。

解放軍は海上で長期的に３つの大きな課題に直面し、３方面での軍事闘争をしていくことになるだろう。１つめは、太平洋を挟む米国による対中封じ込めに対する闘争だ。２つめは、台湾海峡を挟む台湾分裂勢力との闘争だ。３つめは、一部の周辺国家による中国の海洋権益の侵犯に対する闘争だ。

中国共産党の伝統的な軍事優勢は陸、地、山から始まり、農村を根拠地にする形で、陸戦を以て敵を制してきた。新中国建国後の70年間、解放軍は領土を防衛するための防御作戦に集中し、本土から遠く離れた海空および遠海作戦については経験も能力も不足してきた。新時代において、海上軍事闘争への準備は、国家の安全、統一、領土主権、海洋権益に関わり、新時代の共産党人が背負う歴史的責任ともいえる。

我々がいま、海洋権益の分野で失敗して領土を失えば、偉大な先人たちにどう顔向けできようか？

中華民族が海洋強国を建設するという戦略的目標に適応するためには、「海戦場」の建設を国防建設の重点に置かなければならない。解放軍は海上軍事闘争をめぐる戦略的指導を強化し、戦略的主導権を握るために尽力しなければならない。

中国は２０１２年以降、釣魚島〔尖閣諸島〕における権益を守るための闘争を積極的に展開してきた。東シナ海で防空識別圏を設定して、支配を常態化させることで、日本の釣魚島〔尖閣諸島〕への一方的な支配を打破してきた。

また、南シナ海の島嶼における建設を加速させたことは、海権を守るための歴史的な偉業となった。黄岩島〔スカボロー礁〕の支配を強化し、島嶼での建設を推し進め、いわゆる南シナ海仲裁案〔中国が主張する南シナ海の管轄権についてフィリピンが常設仲裁裁判所に申し立てた裁判〕にも対処してきた。とくに注目すべきは、２０１６年１月６日、永暑礁〔ファイアリー・クロス礁〕に新たな空港をつくり、中国最南端の空港での試験飛行に成功したことだ。現在、南シナ海には３つの空港があるが、永暑空港の滑走路は３０００メートル、渚碧礁空港の滑走路は３０００メートル、美済空港の滑走路は２８００メートルある。いずれも大型の爆撃機や空中給油機などが離着陸できる。マラッカ海峡で戦闘が起きても、目と鼻の先に位置している。

海上における戦争準備は、係争海域だけに限られず、軍事戦略配置の最適化が極めて重要となってくる。そのためには、西太平洋、北インド洋、および重要な海峡での軍事プレゼンスを常態化させ、近海と遠海、国内と海外、平時と戦時の双方をカバーできるような軍事戦略配置が求められる。

解放軍は現代海戦の経験に乏しく、その知見は少なくて浅いが、中国海軍が背負う任務は多岐にわたる。そこには、海上局地戦や、軽微な武力衝突、権益を守るための軍事闘争のほか、海外におけるテロリストの取り締まりといった非戦争型の軍事行動も含まれる。

### ③一日も早い中国海軍建設を

21世紀の中国が抱える軍事的課題は、主に強敵による海上からの挑発で、21世紀の解放軍が戦いに勝つためには、海上の戦場で強敵に向かっていき、打ち勝たなければならない。それには、海上の安全に対する脅威に有効に対処し、主要な相手を牽制、威嚇し、国家の戦略的地位と戦略目標を強力に支える強大な海上武装力が不可欠となる。世界一流の海軍を建設することは、民族の呼びかけであり、時代の要求なのだ。

中華民族の偉大なる復興という「中国の夢」を実現するためには、海洋へと出ていき、海洋を攻略して、海権を守らなければならない。新時代中国の国家の安全にとって、主要な脅威、軍事闘争の主戦場、国家利益を切り拓く舞台は海上にあるのだ。新時代中国の軍事戦略は、北西地方を安定させ、南東地方を攻略することにある。その前提として、海洋強国戦略を策定し推進していかなければならない。

新時代は中国海軍建設にとって戦略的好機にある。今回の国防と軍隊の改革による30万人の軍人の解雇にもかかわらず、海軍の編制は逆に増えているという事実にも、そのことは表れている。２０２５年までに海軍が近海防御型から遠海防衛型への転換を遂げるための条件が整いつつある。とくに最近、海軍建設は目覚ましい発展を遂げており、２０１６年だけで45隻の艦艇を導入した。中国の海軍建設は、高速鉄道のように電光石火であると外国メディアは驚嘆しているようだ。もちろん、中国海軍と先進国の実力差は依然として大きいのも事実だ。たとえば、近海における総合戦闘能力はあまり高くなく、遠海での防衛戦闘能力も比較的低い。世界一流の海軍を建設するという責任は重く、道のりは遠いのが現実なのだ。

毛沢東から習近平、新中国の数世代の領袖が抱いた「海軍の夢」がいま、新時代において実現されようとしている。強大で現代化した海軍の建設は、世界一流の軍隊建設を象徴し、海洋強国を建設する上での支柱となる。習近平主席は、海軍における全指揮官、戦闘員に対して、歴史と時代の高みに立ち、歴史的重責を十分に認識するようにと呼びかけてきた。一刻を争う精神で海軍現代化を加速的に推し進めていくのだ。

# 第12章　21世紀の人民解放軍は国土内には留まらず

1949年10月の新中国建国後、解放軍は30年以上にわたって海外駐軍の記録はなかった。1971年、中国は国連における合法的な議席を回復し、国連における5大常任理事国の1国としての国際的地位を確保した。その当時の中国には「海外には一人も兵隊を送らない」という原則があった。

1981年の第36回国連総会を機に、中国は政策を変え、軍事力を海外に向ける動きを始めた。それから30年余り、世界各地で国連が組織した重要な国際活動に解放軍の兵士が参加するようになった。習近平新時代に入り、「一帯一路」戦略が始まり、「人類運命共同体の構築」という「世界の夢」が提示されたことを受け、解放軍は世界に向かう戦略的視野を広げ、中国の軍事力が国境を越えるペースはより加速した。国際システムにおいて中国の軍事力が関わる戦略的局面はより深遠になり、世界の平和と発展を守るための解放軍の貢献はより際立っている。

## 1　新時代の中国の安全と世界平和に必要な解放軍の「走出去」

### ①習近平主席が論じる「2つの死守」

「中国を祝福し、世界を祝福する。世界に目を向ければ、我々はいま、１００年に一度の大変革期のなかにいる。国際情勢がどのように変化したとしても、中国が国家主権と安全を守る自信と決意は変わらない。中国が世界平和を守り、共同的な発展を促進する誠意と善意も変わらない。我々は『一帯一路』を積極的に推進し、人類運命共同体の構築を引き続き推進し、より繁栄してより豊かな世界をつくるための努力を惜しまない」

　習近平国家主席は２０１８年12月31日、新年の祝辞でこう語った。

　翌２０１９年２月３日、習主席は春節を祝う談話で次のように強調した。

「全党、全軍、全国の各民族と人民は中国共産党による強靭な領導の下、心と徳を共にし、進取を切り拓き、勤勉な労働で中国人民の豊かな生活を創造し、中華民族の豊かな未来を創造し、引き続き世界各国の人々と共に人類運命共同体を構築していくのだ」

　２つの談話をまとめると、中華民族が新時代に強軍化を目指す上で、「２つの死守」「２つの推進」「２つの創造」という３つの目標を掲げている。

「２つの死守」——「国家の主権と安全」と「世界の平和と発展」を断固として死守する。

「２つの推進」——「一帯一路」の共同建設と人類運命共同体の構築を積極的に推進する。

「２つの創造」——中国人民の豊かな生活と未来を創造し、世界で人類運命共同体という豊かな未来を創造する。

解放軍は世界を見据えた戦略的視野を持ち、「走出去」（積極的に海外に進出していくこと）を進めていかなければならない。解放軍が海外に軍事基地を設立する動きは、国際社会ではいつも話題になり、「中国脅威論」を引き起こしてもいる。この問題は、21世紀の解放軍にとっての時代的使命、新時代中国にとっての奮闘目標、人類世界の将来における発展の方向性、および「中国の夢」「強軍の夢」「世界の夢」との戦略的な関連性から分析していく必要がある。

習近平主席が提示した「中国の夢」は、中華民族の偉大なる復興を実現し、これからの30年間で、「立ち上がる」「豊かになる」そして「強くなる」という偉大な飛躍を遂げ、中国が世界一のモデル国家になることを目指している。習主席が提示した「強軍の夢」は、新時代に党に忠誠を誓い、戦いに勝ち、品格がある人民軍を建設して、解放軍を世界一流の軍隊にすることを目標としている。習主席が提示した「世界の夢」は、第19回共産党大会の政治報告で提起した「各国人民が力を合わせ、人類運命共同体を構築し、持続的な平和、普遍的な安全、共同の繁栄、開放的で包容的で清廉で豊かな世界を建設する」ことを意味する。これまでになかった文明的な世界観といえる。新時代の中国が海外に軍事施設を建設して、世界に出ていくのは、「中国の夢」「強軍の夢」「世界の夢」という戦略的な要求を成功裏に実現するためなのだ。

習主席が提示した「総合的国家安全保障観」は、中国一国の安全だけでなく、中国国内の安全とアジア地域の総合的安全を実現したうえで、これを世界的な安全保障と緊密に結合して融合させる概念だ。この「総合」とは、中国国内の安全、アジア地域における安全、そして世界全体の安全という3つの次元から構成されている。こうした安全システムを構築するために、解放軍は海外で行動するための能力と手段を持たなければならない。

## ②国際政治経済における新秩序構築には「国際軍事新秩序」が不可欠

国際政治経済における新秩序の構築は、中国の戦略的主張で、時代が強く求めているものであり、世界共同の利益にもつながる。そしてそれは、「国際軍事新秩序」の構築をも必要としている。「国際軍事新秩序」がなければ、国際政治経済の新秩序の構築も難しい。中国が世界政治の中心にこれからさらに近づいていくにつれて、中国の国益は全世界へと広がり、あわせて軍の任務も拡大していく。安全保障がそれに追いつき、海外権益を有効に守り、大国としてのイメージを明確に示すことが求められている。「国際軍事新秩序」

の構築を積極的に推進することで、中国の軍事戦略の発展とイノベーションに新たな要求が生まれている。中国の国益が世界各地に広がるにつれ、グローバルな安全保障体系の構築が必要となる。中国の海外権益やシーレーンを有効に守り、海外資産の安全を保障し、中国のエネルギー資源の安定供給を実現させなければならない。海外に必要な戦略的拠点を設置することで、緊急対応やテロ対策、災害対策といった軍事行動を展開するための能力を解放軍は持つことができる。

つまり、「国際軍事新秩序」構築の積極的な推進は、新たな時代の要求なのだ。中国の軍事力が国境を越え、そして世界に進出するために、解放軍には、より広範な地域と空間で多様な軍事任務を遂行する能力が求められている。

### ③新時代中国の「国防」——中国国内に留まってはならない

長年にわたり、新中国の国防は国土のなかに限られていた。新時代中国の国防は、「国境」という制限を突破し、国家にとっての「利益の境界線」を切り拓いていかなければならない。

新中国はこれまで、海外の軍事行動に参加せず、軍事基地を持ってこなかった。国家の建設と発展が、経済のグローバリゼーションに融合していなかったことが原因だ。

現在、状況は変わりつつある。国益が海外に急速に拡大するにつれ、中国の安全と発展は外部世界と緊密につながるようになってきた。国際情勢をめぐる混乱、テロリズム、海賊活動、自然災害などはいずれも中国の安全に脅威を与えるようになった。国際市場のほか、エネルギー資源、シーレーンなどの安全をめぐる問題は年々深刻化している。

筆者が把握するある統計によれば、昨今、海外における中国の資産は6兆ドル（約840兆円）を超え、海外に進出している中国企業は4万社以上ある。毎年1・7億人が出国しており、数百万人の中国人従業員が180以上の国と地域で働いている。それにともなって、中国が海外で直面する安全保障情勢は深刻になっている。一部の国では、中国の機構や企業が襲撃される事件が相次いで起きている。建設プロジェクトが破壊されたり、合法的な財産が略奪されたりしているほか、従業員が拉致される事件も発生している。海外で犠牲となっている中国人は毎年1500人前後に達している。

現在、中国は全方位の対外開放を推進し、「一帯一路」建設を進めており、海外進出の規模とスピードはかつてないものとなっている。国益が拡大すればするほど、海外権益の安全を確保する必要性はより現実味を帯びてくる。

さらに、テロリズムはすでに中国の安全と発展に影響する重大かつ現実的な脅威となっている。中国は「反テロリズム法」を打ち出しているが、反テロ軍事闘争を戦略的地位に位置づけ、着実に取り組んでいく必要がある。

国益は国境を越え、世界へと向かう。それと同時に、国防と軍事力も国境を越え、世界へと向かっていかなければならない。

毛沢東時代から習近平時代まで、中華民族は解放軍を3世代にわたって打ち立ててきた。

第1世代解放軍　政権を創り出す革命軍
第2世代解放軍　国家を防衛する国防軍
第3世代解放軍　世界一流の「最強軍」

この第3世代解放軍は、世界へと向かい、世界平和を守り、共同発展の促進に貢献する解放軍なのだ。中国の軍事力が海外進出する目的は、決して侵略や拡張ではなく、覇権の追求でもない。中国の利益を死守し、中国国民を保護し、地域と世界の平和を守ることが目的なのだ。

## 2　解放軍が国境を越えて世界に出ていく軌跡

新中国建国後の70年、解放軍は国境を越えて、世界へと向かう過程において、３つの歴史的段階を歩んできた。

第１段階　１９４９年の建国から１９８１年までの30年間。中国は海外に１人も兵士を派遣しなかった。

第２段階　１９８１年から２０１２年の第18回党大会までの30年間。中国軍は徐々に海外進出に乗り出した。

第３段階　第18回党大会があった２０１２年以降。新時代に突入した解放軍は海外進出を積極的に進め、ジブチで最初の海外保障基地を設立した。

## ①国連平和維持活動の主要派遣国へ

中国は１９８１年以前、国連平和維持活動（ＰＫＯ）には消極的だった。なぜなら、ＰＫＯとは、大国が小国を操り、小国の内政に干渉するための「政治的道具」にほかならないと信じていたからだ。ところが、１９８１年第36回国連総会をきっかけに、中国は方針を転換した。１９８２年、国連兵力引き離し監視軍と国連駐レバノン臨時軍にかかる費用を中国が負担するようになった。１９９０年、中国は国連休戦監視機構に５人の軍事オブザーバーを派遣し、国連の平和維持活動にも参加するようになった。これによって、中国は「海外に１人も兵士がいない」状況を変え、本格的な海外進出に乗り出した。２０１７年２月末までに、中国は延べ３・５万人の平和維持活動要員を派遣してきた。２０１６年時点で、19人の中国の平和維持人員が殉職している。２０１５年、３０８４人の軍人と警察官が、国連が指定する10の任務区域で勤務を執行している。２０１５年、中国は初めて７００人規模の平和維持歩兵大隊を派遣した。30年にわたり、中国の平和維持部隊は１人も規律違反や強制送還などの問題を起こしていない。

中国軍の海外進出は、以下のような軌跡をたどってきた。

１９９０年４月　中国は初めて国連休戦監視機構に５人の軍事オブザーバーを派遣。

１９９２年４月　中国は初めて編成軍を構成して、カンボジアに平和維持軍大隊を派遣。国連の平和維持活動に参加。

２００７年８月　中国国防部平和維持事務弁公室の趙京民が国連西サハラ市民投票特派員司令官に就任、平和維持任務区域で指揮官を務める初の中国軍人となった。

２００８年12月26日　中国は３隻の軍艦を組織し、アデン湾、ソマリア海域に派遣。中国海軍の遠洋航行護衛の幕開けとなった。

２００９年６月28日～７月３日　中国軍とモンゴル軍がコード「平和使命―２００９」と名づけた中蒙平和維持合同訓練を実施。初の外国軍との平和維持合同訓練となった。

２０１３年12月　１３５人の中国軍人が西アフリカのマリ共和国に派遣され、平和維持任務にあたる。

２０１５年９月　習近平主席が国連総会で、中国が新たな国連平和維持待機制度に加わり、８０００人からなる平和維持待機部隊を組織することを宣言。

現在、中国は国連安全保障理事会の５つの常任理事国のなかで、最も多くの平和維持軍の要員を派遣する国家となり、１２１の平和維持出兵国家のうち、最も多くの分隊を派遣する国家となった。中国平和維持軍は、地雷や爆発物の除去のほか、道や橋を造るインフラ整備、物資の運送など戦地における危険をともなう任務遂行で貢献している。

２０１７年１月までに、中国海軍は合計25回にわたる護衛編制部隊を派遣。78隻の艦艇、54機のヘリコプター、２万１０００人余りの軍人を派遣し、６３００余りの中国と外国の船舶を護衛する任務を遂行し、危険に遭遇した60隻以上の船舶の救出に成功した。

中国の護衛編制部隊とロシア、デンマーク、ノルウェーの艦艇は20回にわたってシリアの化学兵器をめぐる海上運輸合同護衛の任務を実施し、60カ国以上に友好訪問を行った。

## ②中国最初の海外軍事基地

2017年8月1日、中国人民解放軍は最初の海外保障基地をジブチに設立した。ジブチはアフリカのアデン湾西岸に位置し、中国とは7千キロメートル以上離れている。この中国からはるかに遠い国土は紅海からインド洋に入る要所として、その戦略的地位は極めて重要だ。

中国が最初の海外軍事基地の場所にジブチを選んだ理由は、以下の4点が挙げられる。

1つめは、ジブチが戦略上の要衝にある点だ。ジブチの国土は2・3万平方キロメートルにすぎず、人口もわずか90万人余りの小さな国家で、国際的、戦略的な交通の要衝であるスエズ運河につながる紅海の南の玄関口に位置する。中東は世界エネルギー生産の中心であるほか、国際政治をめぐる攻防の中心地でもあり、国際テロリズムが頻繁に発生する地域でもある。中国がここに軍事基地を設立することは、戦略的シーレーンの安全や中国の海外権益を守るだけでなく、テロリズムとの闘争にも有益と言える。また、少数の西側大国、とくに米国がこの戦略的シーレーンを独占することも牽制できる。

2つめは、ジブチの国内情勢が安定している点だ。ジブチは国内統治や外交関係を安定的に管理しており、いまのところ分裂や内乱も起きていない。

3つめは、ジブチが中国による軍事基地の設立を歓迎してくれたことだ。軍事基地の設立は、ジブチの経済や社会の発展に貢献している。ジブチは砂漠と火山が面積の9割を占め、自然資源に乏しく、工業と農業の基礎は弱く、95％以上の農産品と工業品は輸入に依存している。ジブチのGDPの8割は港湾業務によるものだ。ジブチは、外国軍事基地によって「軍事基地経済」をもたらしている。

4つめは、戦略的シーレーンを防衛しやすくなったことだ。ジブチには、フランス、米国、日本などが軍事基地を置いている。19世紀中頃からフランスの植民地だったジブチは1977年に独立した。だがその後もフランスは軍事基地を置いている。米国は、2001年に同時多発テロ事件が起きた後、ジブチのキャンプ・レモニエを租借した。このキャンプは、ジブチ国際空港に隣接しており、基地を拡大している。日本は2009年からジブチに海軍基地を建設し始め、2011年7月に完成。日本にとって第2次世界大戦後初の海外軍事基地となった。

この地に中国が軍事拠点をつくることで、相互にチェックアンドバランスが働き、少数の国家が戦略的要塞を支配することを防げる。

中国は世界第2位の経済大国として、今後、新たな海外軍事基地を設立していくだろう。

### ③中国の軍事力がアフリカに進出する動機と利益

英BBCの記者が以前、筆者にこう尋ねたことがある。

「中国は多くのアフリカ国家に数十億ドル、数百億ドルの投資を行っている。さらに多くの中国の企業、従業員がアフリカで仕事と生活をしている。中国がアフリカに大々的に軍隊を派遣する理由は、アフリカの巨大なビジネスに関心があるからではないのか」

この記者は、中国の軍事力がアフリカに進出することを不審に思っていたようだ。解放軍のアフリカへの進出は、かつて西側列強が銃剣や大砲によって植民地化を進めたのとは根本的に異なる。アフリカにおける中国の軍事力は、中国の権益を守り、国連の平和維持活動に参加することを責務としている。中国とアフリカ諸国の経済、軍事関係は、平和と発展、互恵的でウィンウィンの健全な協力関係なのだ。

中国とアフリカの関係は、短期的な経済関係だけでは語れない。より重要なのは、3つの大きな視野を持つことだ。

1つめは、歴史的な関係だ。アフリカと中国は共に西側大国による侵略と略奪の被害を受け、独立と解放を追求する闘争を経験している。この両者に共通する苦難と経験が互いに親近感を抱かせている。

2つめは、イノベーションの視点だ。新中国は建国後、アフリカの人々の植民地主義からの脱却と、民族解放と国家独立のための闘争を大がかりに支援してきた。新中国は長年にわたり、アフリカ諸国に無償援助をしており、タンザニアとザンビア間の鉄道建設などがその例と言え、下心などない。アフリカの人民は中国による援助を忘れていない。毛沢東は「アフリカの兄弟こそが中国を国際連合に入れてくれたのだ」と言ったことがある。それも、中国が一方的にアフリカでカネをばらまき、荒稼ぎをするような関係ではない。中国とアフリカ諸国間の関係は本質的に平等な協力、互恵とウィンウィン、共同的な発展に基づく新型国際関係なのだ。

3つめは、未来志向であることだ。アフリカと中国はいずれも発展途上国であり、現代化国家を築くという共通の目標がある。中国の台頭は、発展途上国の平和的台頭であり、西側国家とは完全に異なる経緯をたどってきた。中国の経験はアフリカ諸国を含めた発展途上国にとって啓発的な意義をもつ。そして、アフリカの台頭は近代世界の発展と進歩にとって「第3のピーク」となるだろう。世界の発展は、20世紀に欧米で、21世紀前半にアジアで起きており、21世紀後半にはアフリカで興隆するだろう。アフリカは巨大な潜在力を秘めた「宝の大地」なのだ。

アフリカの発展のためには、中国の台頭が不可欠といえる。「中国の夢」「アフリカの夢」「世界の夢」は相互につながっているのだ。

## 3 中国は「国際新型軍事文明」を創造する

近代以降、大国の軍隊が世界へ進出したモデルには3種類ある。

（1）「英国モデル」——世界的な「植民地主義」を強行。艦船や大砲を使って世界各地を植民地化した。

（2）「米国モデル」——世界的な「覇権主義」を強行。第2次世界大戦後、とくに冷戦後に絶対的に優勢な軍事力を駆使して覇権を求め、世界を支配した。

（3）「中国モデル」——国境を越えて、国益と世界平和を守り、人類運命共同体を構築する。

つまり解放軍の海外進出とは、国際社会に新しい軍事文明を創造し、貢献することにほかならない。

## ①中国軍の世界進出と米軍の世界駐軍との本質的な相違

ある外国の友人からこんなことを言われたことがある。

「最近、解放軍による世界進出が急速に拡大している。〝中国人民解放軍〟は〝世界人民解放軍〟になろうとしているようだ」

だが実際、中国人民解放軍が〝世界人民解放軍〟になることは永遠にありえない。中国人民解放軍は一貫して中国の人民のために解放と安全を追求し、世界の平和、安定、発展、進歩に貢献していく軍なのだ。中国人民解放軍が侵略、拡張、覇権を求めることはない。

解放軍は新時代において未来へ向かい、世界へ向かい、人類へと向かい、そのために海外進出を試みる。だが、かつての大英帝国のように、植民地化をするわけでもなく、第2次世界大戦後の米国のように他国を侵略して世界で覇権を求めるわけでもない。あくまで中国の海外における権益を守り、地域と世界の平和と発展の事業を守ることが目的なのだ。

中国軍が海外進出する上での主要な任務に関して、2015年7月から施行され始めた「中華人民共和国国家安全法」は5つの項目を規定している。

（1）国際軍事安全保障協力の展開。

(2)国連平和維持の任務の実施。
(3)国際援助、海外での緊急措置や災害救済、とくに華僑への救援や撤退支援。
(4)戦略的シーレーンの確保。
(5)国家の海外権益を守るための軍事行動の実行。

中国が将来的に新たな海外軍事基地を持つことになるのは間違いない。しかし、米国のように、世界のいたるところに軍事基地を構えることは永遠にしない。現在、米国の海外軍事基地は、世界80の国・地域に750ヵ所ある。米国防総省が発表した報告によれば、米国は現在インド太平洋地域に2000機以上の軍機、200隻以上の船舶と潜水艦、37万人以上の軍事人員を配している。これらの装備と人員は主に日本と韓国に集中している。ほかには、フィリピン、オーストラリア、シンガポール、ディエゴ・ガルシア島に少数の部隊が駐在している。

米海軍の軍事基地には、米国の国益を守る以外に、地政学的な要衝を独占的に支配し、世界全体を支配して米国の覇権を守るという目的がある。「世界トップの軍事的地位を維持する」ことは、米国が公に宣言している国防戦略目標の1つで、その本質とは米国の覇権的地位を守ることにほかならない。解放軍が世界に進出することは、積極的防御という戦略方針の一環で、防御型の配置であり、米国が全世界に敷いている覇権型の戦略とは根本的に性質が異なる。中国が将来的にどれだけ多くの軍事基地を構えたとしても、米国の軍事基地の数を越えることはない。中国が海外でどれだけ軍事力を強化したとしても、他国の主権を侵犯したり、ミサイルで廃墟にしたりはしない。

### ②解放軍の海外活動が世界の平和と発展にもたらす3大貢献

この30年、解放軍が国境を越えて世界に出ていくなかで、世界平和を守るために3つの功績を残してきた。

1つめは、国連の平和維持活動に参加するだけでなく、中国が主な出兵国と出資国である点だ。

２０１５年9月28日、習近平主席が国連平和維持サミットに出席した際、「中国は国連安保理常任理事国として、平和維持活動に参加して25年になるが、活動の主要な出兵国と出資国になっている」と指摘したように、中国は国連平和維持活動における主要出資国の1つで、常任理事国のなかで最も出兵している国だ。２０１８年12月の時点で、中国は累計24の国連平和維持活動に参加し、延べ3・9万人余りの軍人を派遣している。中国軍が平和維持任務によって新たに舗装、改修した道路は1・3万キロメートル余り、除去した地雷や爆発物は1万342個、運送した物資は135万トン余り、運送の総距離は1300キロメートル以上、問診した患者は17万人以上に上る。

中国は各国の平和維持活動人員に対する研修に積極的に参加しており、これまでに数十カ国で1500人以上に実施している。2018年12月時点で、2506人の中国軍人が、国連が指定する7つの任務区域で平和維持活動の任務を執行している。

解放軍の平和維持活動と救援活動は、国際社会から高い評価を得ている。たとえば、2015年3月、イエメンの情勢が深刻に悪化した際、中国海軍は航空護衛編制部隊をアデン湾海域に派遣し、初めて戦闘区域となっている地域の港に直接停泊。621人の中国国民と279人のパキスタン人のほか、エチオピア、シンガポール、イタリア、ポーランド、ドイツ、カナダ、英国、インド、日本など15カ国の国民15人を安全に退去させることに成功した。

2つめは、中国軍が積極的に反テロリズム闘争に参加している点だ。

中国が主導して2001年6月に上海協力機構を設立し、国境を越えたテロ対策の合同軍事訓練を実施した。2001年に米国で起きた同時多発テロ以降、中国はテロリズム対策を積極的に進め、テロリストや宗教原理主義者、多国籍犯罪者を取り締まってきた。2016年、中国軍は反テロリズム目的で海外進出を始めた。中国政府は「反テロリズム法」を公布し、当事国が同意する前提で解放軍を海外に派遣し、反テロリズムの任務を執行するなどの規定を設けた。あわせて、一部の国家と反テロリズムのための合同軍事演習を実施した。

3つめは、解放軍がシーレーンの安全を守ってきた点だ。

海上運輸は世界貿易の8割以上を占めている。世界で毎日稼働する海上の運輸船は4万隻強あり、3000億ドル相当の貨物を運んでいる。アデン湾の航路は南アフリカを経由するのに比べて8000キロメートルも航行距離を短縮でき、運送費も節約できる。毎年100以上の国の約2万隻の船舶がアデン湾を通過している。世界の海上貨物輸送量の5分の1を占める物資が通過する世界シーレーンの生命線なのだ。

21世紀に入り、インド洋のアデン湾、ソマリア海域では海賊が商船をハイジャックする事件が相次いでいる。2009年11月、アデン湾やソマリア海域でソマリアの海賊にハイジャックされた商船は40隻に上り、60人以上の船員が危険にさらされた。この間、中国の1265隻に上る商船がこの航路を通過していたが、うち20％の商船が海賊からの襲撃に遣っている。

国連安保理事会の決議によって、中国政府は２００８年12月から海軍の艦艇編制部隊をアデン湾とソマリア海域に派遣した。その過程で、各国護衛部隊と協力し、共同で国際シーレーンを守ってきた。過去10年、中国海軍は３から４隻の艦艇を配備して護衛の任務にあたっており、計31回にわたり１００隻余りの艦艇、２・６万人余りの軍人を派遣し、６６００余りの中国や外国の船舶の安全保護に従事した。

21世紀の中国は世界の平和事業にさらに貢献するだけの責任と能力がある。米国の総合的な国力、とくに軍事力が中国よりも強大なのは事実だ。だが、世界市民は、21世紀の米国が頻繁に戦争を発動して、他国を侵略しているのを目の当たりにしている。21世紀の中国は１回たりとも戦争を発動しておらず、平和的な発展を堅持している。中国は国連平和維持活動のモデル国家であり、解放軍は国連平和維持活動の先進的モデルといえる。国連平和維持活動においては、米国は中国に学び、米軍は解放軍に学ぶべきなのだ。

### ③世界一流の軍隊に必要な「世界行動能力」

解放軍が海外における国益の安全を守り、世界の平和と発展により大きな貢献をしていくためには、実質的な能力と手段をもたなければならない。それを「世界行動能力」と呼ぶ。解放軍は「世界行動能力」を身につけ、戦略的な展開能力の構築を急がなければならない。

　そのためには、空軍の役割が不可欠となる。近年、中国空軍はこれまで以上に国境を越え、国連の軍事演習や華僑の保護や退去、救援といった軍事行動を遂行し、重要な役割を担ってきている。解放軍はさらに広い戦略的視野を持って空軍建設を計画し、海外進出のための戦略的な調整を試みて、空軍がより広い空間で多様な軍事任務を遂行できるための能力を増強させなければならない。

　戦略的な展開能力の強化という意味では、海軍が主力になる。「一帯一路」建設は国家発展のための一大事業だ。この事業を安定的に運営するためには、安全の保障が不可欠となる。海外で、中国は多くの投資をし、多くの建設プロジェクトや自国民を抱えている。だからこそ、戦略的シーレーンは国家経済と国民生活の生命線であり、常に危険に晒されるリスクがある。それゆえに、海軍が海外に進出して、積極的な防御戦略を展開し、海外における国益の安全をしっかりと確保しなければならない。

　中国海軍は遠洋における戦闘能力を高めることが求められる。そのために、海外保障基地は、重要な戦略拠点となる。海外駐軍の指揮、管理、兵力運用の方法を真剣に研究し、中国独自の「海外駐軍モデル」を構築していくべきだ。中国海軍はこれから、西太平洋や北インド洋のほか、重要な海峡における軍事的プレゼンスを高めていかなければならない。

解放軍の「世界行動能力」を打ち立てるには、軍隊思想政治工作や軍事指揮工作といった新たな任務も必要となってくる。軍隊が海外でしっかりと任務を執行するために、いまこそしっかりとした政治工作が求められるのである。

私も微力ながら、その責任の一端を担う覚悟でいる。

# 監訳者解説

筆者は２０１９年３月、北京で劉明福にロングインタビューをした。10年以上の付き合いを経て、初めて実現したオンレコの取材だった。取材は８時間近くに及び、「中国の夢」のコンセプトと、中国による台湾併合について集中的に質問をした。

――あなたが２０１０年に出した『中国の夢』は中国でベストセラーになりました。これが習近平政権の政治スローガンの基盤となったと言われています。具体的にどのような戦略なのでしょうか。

「私が考える戦略は、３つある。１つ目が『興国の夢』。中華人民共和国建国１００周年の２０４９年までに経済や科学技術などの総合国力で米国を超え、中華民族の偉大な復興を成し遂げる。２つ目が『強軍の夢』で、世界最強の米軍を上回る一流の軍隊をつくること。そして最後が『統一の夢』で、国家統一を完成させることだ」

――あと30年以内に台湾統一を目指すということですか。

「台湾問題の解決が、『中国の夢』の重要な戦略目標だと考えている。なぜなら『分裂国家』のままでは世界一流の国にはなれないからだ。習主席は在任中に台湾問題に積極的に取り組み、最終的に国家統一を実現すると確信している。まず平和的な統一を試みつつ、軍事行動の準備も辞さない」

——中国が武力を使えば、米軍が介入するのは避けられません。

「米国による軍事介入を恐れ、中国が国家統一をあきらめることはありえない。米国にとって台湾は中国を封じ込めるための一枚のカードに過ぎず、中国との全面戦争につながる軍事介入をする可能性は低いだろう。しかも中国が武力統一に踏み切る時には、米国による軍事介入を打ち負かす能力を我が軍は備えておく」

これを聞いて筆者は驚き、そして耳を疑った。なぜならこの時、中国共産党の台湾政策の基本方針はあくまで「平和統一」であり、「軍事行動」をここまで明言する軍や党の幹部はほとんどいなかったからだ。しかも、中国軍が台湾に軍事侵攻した際に米国が軍事介入する可能性を否定したうえで、仮に米軍が参戦してきても中国軍が全面対立することを辞さない構えを強調したのだ。

劉の発言は明らかに、中国共産党のこれまでの基本路線から逸脱していた。筆者は劉に「本当に書いていいのか」と何度も確認したが、「構わない」と断言したのでそのまま掲載した。

インタビューが掲載されると、各方面から反響があった。「軍全体の意見ではなく、あくまで一部の強硬派の意見では」「米国や日本への牽制に過ぎず、共産党としての台湾政策の転換ではない」いずれも劉の見解に否定的なものばかりだった。ところが劉へのインタビューの３カ月後、別の中国軍高官が台湾政策について、次のように発言した。

「（独立志向を持つ台湾の）民進党当局と外部干渉勢力に伝える。もしだれかが台湾を中国から分裂させようと図るなら、いかなる犠牲も惜しまず戦い抜く」

シンガポールで２０１９年６月に開かれた国際会議に出席した魏《ぎ》鳳和《ほうか》・国務委員兼国防相は、米国を強く牽制したうえで、軍事行動も辞さない考えを強調したのだ。

この発言は、劉明福のインタビューの内容とほぼ同じトーンだ。これを皮切りに軍高官の発言や文書では、台湾政策について強硬的な論調が強まった。翌７月に４年ぶりに出された中国の国防白書『新時代の中国国防』には、台湾政策についてこのように記載された。

「武力の使用は放棄しない。台湾を中国から分裂させようとする動きがあれば、中国軍はいっさいの代償を惜しまず、国家の統一を守る」

このように振り返ると、筆者の劉明福へのインタビューでの発言が、習近平政権の台湾政策の転換の嚆矢となっていたことがわかる。

劉はまさに、習近平政権の政策ブレーンであり、戦略ブレーンでもあるのだ。

本書は、その劉が記した『中国の夢』に続く大著となる。中国語で60万字におよぶ元原稿には、中国人民解放軍がいま抱える問題点や、それをどのように改善していくべきかが克明に記されている。

習近平が２０１７年の第19回共産党大会で掲げた目標「世界一流の軍隊」について、これまで欧米の専門家らは「米軍に並ぶこと」だと推測してきた。ところが本書では、劉は「戦場にはスポーツ大会のような2位は存在せず、勝つか負けるかの結果のみだ」と喝破し、米軍をしのぐ「世界最強の軍」になることが目標だと強調している。本書が２０２０年10月に中国で出版されると、中国内外で反響があり、とくに米国内での対中警戒感が一気に高まった。

ところが、本書が中国で出版される際、解放軍や中国の安全保障戦略の機微に触れる部分は大幅削除されていたのだ。

筆者は今回、本書の削除された部分を含む、すべての草稿を入手することができた。発行された中国語版と見比べると、草稿は三倍近く分量が多いことがわかる。なかでも注目すべきは、中国語版では第5章「反台湾独立から祖国の完全統一へ」が丸ごと削除されていたことだ。

中国はいつ、そしてどのようにして台湾を併合するのか。そのために解放軍はどのような準備や能力が必要なのか。冒頭で紹介した東京でのシンポジウムで劉が触れた「我々は米国の南北戦争を参考にしている」という発言の意味は何だったのか。

こうした台湾統一のためのリアルで具体的なシナリオが、第5章で詳述されている。そこに記されている壮大かつ綿密な戦略と戦術は、最近、欧米や日本の専門家や研究機関が議論している「台湾侵攻シナリオ」とは、およそかけ離れたものだ。そのほとんどが、中国軍による台湾への上陸作戦を含めた全面的な軍事侵攻を想定したものばかりだ。だが、本書が指摘するように、中国側が内部で準備をしている「新型統一戦争」は、死傷者や被害を極力出さずに、台湾を併合しようとする作戦なのだ。

ここ数年、米国の軍や政府内で、台湾有事への警戒感が急速に高まっている。筆者は2022年11月にワシントンを訪れ、バイデン政権高官やシンクタンク研究者らと台湾情勢について議論を重ねた。焦点は「台湾有事はいつ、どのように起こるのか」だった。ほぼ全員が「習近平政権の3期目が終わる2027年までには中国軍は行動を起こす可能性が高い」という見方で一致した。台湾有事が「起こるか、起こらないか」を議論している日本の識者らとは隔世の感があると言えた。

台湾有事が起きれば、日本が影響を受けるのは必至だ。

いくつかの解放軍の内部資料には、ミサイル部隊であるロケット部隊が緒戦で、日本にある米軍基地や自衛隊の拠点をほぼ同時に弾道ミサイルや巡航ミサイルで破壊することが明記されている。2022年8月、米下院議長のナンシー・ペロシによる台湾訪問に反発した解放軍が「台湾封鎖演習」と称して1週間にわたり軍事演習を実施し、台湾を取り囲む6カ所に11発の弾道ミサイルを発射し、このうち5発が日本の排他的経済水域（EEZ）に撃ち込まれたのも、そうした計画が現実味を帯びていることを裏づける。

これらの海域は、物流にとって重要なシーレーン（海上交通路）で、年間9万隻の船舶が往来している。このうち日本関係が1万4000隻に上る。もし今回の演習が1カ月以上続いたら、民間船舶の往来に支障が出かねず、日本の物流も深刻なダメージを受けることになる。元首相の安倍晋三が言及したように、まさに「台湾有事は日本有事」なのだ。

本書は、草稿から日本の読者向けにエッセンスを抜粋したものだが、台湾有事をめぐる米中対立の最前線である日本で、とくに台湾問題に関わる削除部分を含めて、世界に先駆けて出版できたことの意義は小さくないだろう。日本の政府や企業、そして国民が来るべき台湾有事に備える際の参考にしていただければ監訳者として望外の喜びだ。（敬称略）

２０２３年５月　台湾南部・高雄から台湾海峡を見ながら

峯村健司

# 訳者あとがき

最初に劉明福・中国人民解放軍上級大佐、国防大学教授に会ったのは、２０１３年の夏だった。場所は北京。本書の監訳者、峯村健司氏の紹介で実現した。

「なんだ、この軍人は？」

初対面での第一印象である。身長は１９０センチ近くあり、常に直立不動で背筋はピンと伸びている。人の話をよく聞き、相手の話を遮ることもほとんどない。科学者のように論理的に、革命家のように情熱的に、そして詩人のように韻を踏む。翻訳作業には、骨が折れた。

劉が集合時間に遅れたことは一度もない。こちらが地下鉄の駅に到着すると、必ずお決まりの場所で待っている。携帯電話をいじったり、辺りをきょろきょろ見回したりすることもない。帰り際には、必ず改札口まで見送り、見えなくなるまで手を振る。メールの返信はすこぶる速い。文末には必ず、ＸＸＸＸ年Ｙ月ＺＺ日Ａ時ＢＢ分（北京時間）と明記されている。

劉は腐敗を憎む。一緒に食事をすると、最低限のものしか頼まず、少しでも残ると、必ず「打包」（梱包）して持ち帰る。劉が、２０１２年11月に発足した習近平政権の目玉政策となった「反腐敗闘争」にブレーンとして関わったことは知っていたが、彼自身の日ごろの生活から、反腐敗・反贅沢は徹底されていた。

ここまで礼節を重んじ、謙虚で、聞き上手で、貪欲で、勤勉で、情熱と論理を併せ持ち、質素で紀律ある労働生活を送る中国の軍人、いや中国人を筆者は知らない。この劉明福という男を軍事ブレーンに据える習近平という「14億分の1の男」を、決して侮ってはならない。初対面でそう痛感させられたのを、昨日のことのように覚えている。

筆者は劉と定期的に議論をした。米中関係、日中関係、中国政治、軍事、台湾問題、政治体制、イデオロギー、反腐敗……１００時間以上の議論を経て、一緒に本を出そうという流れになった。ただ、言うまでもなく、中国の軍人である劉と筆者とでは、ほぼすべての分野をめぐる考え方、捉え方、価値観が違い過ぎて、所謂「共著」で一冊の書籍を書き上げることは不可能だった。そこで、それぞれが意見を述べ合う「対論」形式を採用することにした。面と向かっての議論をベースに、それぞれ問題意識を持ち帰り、書面で質問と回答を繰り返し、書籍化した。それが、『日本夢　ジャパンドリーム――アメリカと中国の狭間でとるべき日本の戦略』（２０１８年、晶文社）である。（検閲の関係で）構成や内容は若干異なるが、中国語版も『日本夢——沈黙、但遅早要選択』（２０１６年、東方出版社）という書名で出版している。この企画を実行する上で決定打となったのが劉大佐の一言である。

「米国には建国以来のアメリカンドリームがある。中国にもチャイナドリームがある。習近平が指導思想にし、私も本に書いた。日本にジャパンドリームはないのか？　あるべきだ。日本にジャパンドリームを声高らかに提唱し、国益の増強に努めようとする政治家はいないのか？」

　劉の主張は首尾一貫している。

「中国が米国の覇権主義を止めるには、国力を増強するしかない」「平和のために軍事力強化だ」「日本は独立自主の主権国家であるべきだ」「日米同盟が破棄されて、日中関係は初めて安定し、アジアにも平和がもたらされる」

　破天荒な主張に聞こえるかもしれないが、筆者の理解によれば、習近平国家主席以下、共産党、解放軍指導部は同様の見解を有している。印象的だったのは、劉が、日本が日米安保を破棄し、独立自主の外交政策を実行する過程で、核武装を容認する姿勢を示したこと、そして内政の政治体制として、米国の民主主義に理解と尊重を示したことである。

劉にとって、本書は、２０１０年、習近平政権が発足する前に出版された『中国の夢』の続編と言える。２０４９年を視野に、「中華民族の偉大なる復興」と定義する中国の夢を実現するためには、強軍の夢、即ち世界一流、最強の軍隊を作り上げる必要があるというのが核心的主張だ。中国の夢を指導思想とする習近平こそが、強軍の夢を推進する資格を有し、それを追求することで初めて、（1）米国との国力競争に打ち勝ち、（2）中国の政治体制を死守し、（3）台湾統一を実現できる、という論理である。

劉が内々に書き上げた本書の完全版は中国語で約60万字ある。日本語にして約70万字の大著だ。中国で、２０２０年に中共中央党校出版社から出版された『新時代中国――強軍の夢』は約23万字であるが、中国独自の検閲システムもあり、政治的に当たり障りのない内容を中心に構成された。劉も、「中国では検閲が厳しすぎて、私が書いたこと、言いたいことの多くは世に問えない」と、フラストレーションを露わにしていた。

そこで、劉から約60万字の完全版原稿、及び日本での編集、出版権を授かった上でスタートしたのが本プロジェクトである。最大の特徴は、２０２０年の中国語版で、チャプターとしていっさい出てこない台湾問題である。習近平の軍事ブレーンから見た統一に向けたアプローチ、統一後の台湾でのガバナンスなどが克明に描かれている。「習近平こそが台湾問題を解決する」「統一は平和よりも尊い」「統一のために上陸作戦は必ずしも必要ない」「武力を使った統一がボトムラインだ」「統一したその日から、中国人民政府、解放軍は台湾を管轄する」といった主張を前に、筆者を含めた多くの日本人は身震いするだろうが、これは劉の「個人的見解」などでは決してなく、党・軍内部における主流というのが筆者の判断である。

台湾問題だけではない。中国で敏感なイデオロギーと軍事、中国の経済力、科学技術力、軍事力に直結する軍民融合など、中国語版には出てこない章、内容、文言を、本書は存分に盛り込んでいる。「日本の読者が一番関心を持ち、日本の政治家がジャパンドリームを掲げることを後押しするような本にしてほしい」というのが劉からのメッセージである。

劉に「いま日本で一番対談をしたい相手は誰か？」と聞いたことがある。本書が日本で出版された際、日本に招き、議論を巻き起こしたいという考えがあったからだ。劉は即答した。

「安倍晋三元首相だ。彼以外にいない」

理由は、「安倍晋三こそがジャパンドリームの体現者だ」「日本が戦後レジームを脱却し、憲法改正し、真の主権国家になるためには、安倍しかいない」「安倍のような政治家こそが、米中両国と対等にわたり合える。安倍のような男が信用される」というものだった。

２０２２年７月、選挙演説中に銃で撃たれ、安倍は帰らぬ人となった。劉との対談が実現しなかったことは、本書の訳者として残念でならない。安倍は生前「台湾有事は日本有事」と言った。この主張を劉がどう思うか、尋ねたことはないが、おそらくこう答えるだろう。「当たり前だ。いまさら何を言っているのだ」

苦心して書き上げた全原稿を託し、日本語版の出版を快諾してくださった劉明福上級大佐に感謝したい。次回、北京か東京で再会するのを心待ちにしている。本書の日本での出版に理解を示し、尽力いただいた文藝春秋の西泰志氏、後藤祐実氏にも心からの御礼を申し上げたい。

本書が、「台湾有事」という未曾有の安全保障問題に官民を挙げて向き合わなければならない日本人が、自国の安全、繁栄を守るためには何が必要か、どう行動すべきかを真正面から考える上での手掛かりになることを、訳者として願ってやまない。

２０２３年５月

加藤嘉一

（監訳者）

**峯村健司**（みねむら　けんじ）

キヤノングローバル戦略研究所主任研究員。北海道大学公共政策学研究センター上席研究員。1974年長野県生まれ。朝日新聞入社後、北京・ワシントンで計9年間特派員。ハーバード大フェアバンクセンター中国研究所客員研究員や、朝日新聞編集委員（外交・米中関係担当）を経て、現職。著書に『宿命――習近平闘争秘史』（文春文庫）、共著に『ウクライナ戦争と米中対立』（幻冬舎新書）など。

（訳者）

**加藤嘉一**（かとう　よしかず）

国際コラムニスト。楽天証券経済研究所客員研究員。1984年静岡県生まれ。2003年高校卒業後、単身で北京大学留学。同大学国際関係学院大学院修士課程修了。香港大学アジアグローバル研究所兼任准教授などを歴任。著書に『われ日本海の橋とならん』（ダイヤモンド社）など。

**劉明福**（リウ・ミンフー／Liu Mingfu）

中国国防大学教授（上級大佐）。1951年山東省生まれ。1969年に入隊。済南軍区政治研究室主任や国防大学軍隊建設研究所所長などを歴任。2020年に出版した著書『中国の夢』は国内外で話題となり、習近平政権の政治スローガンに採用された。他の著書に『覇権の黄昏』『論米国』など。

**文春新書**

**1424**

中国《ちゆうごく》「軍《ぐん》事《じ》強《きよう》国《こく》」への夢《ゆめ》

2023年 9 月20日　第 1 刷発行

著　　者　　劉　明　福
監 訳 者　　峯　村　健　司
訳　　者　　加　藤　嘉　一
発 行 者　　大　松　芳　男
発 行 所　株式会社　文　藝　春　秋

〒102-8008　東京都千代田区紀尾井町3-23
電話（03）3265-1211（代表）

印 刷 所　　大 日 本 印 刷
製 本 所　　大　口　製　本

定価はカバーに表示してあります。
万一、落丁・乱丁の場合は小社製作部宛お送り下さい。
送料小社負担でお取替え致します。


ISBN978-4-16-661424-0